楼宇智能化工程技术系列教材

智能楼宇设备监控系统组态及组件

ZHINENG LOUYU SHEBEI JIANKONG XITONG

ZUTAI JI ZUJIAN

◎主 编 文 娟

◎副主编 都本达

U0240464

重庆大学出版社

内容提要

本书全面系统地介绍了楼宇设备监控系统组态及组件(应用组态软件是对楼宇机电设备运行监控要求编写的程序,组件是对楼宇机电设备运行参数的采集及反馈控制),包括了计算机控制系统、BAS组态软件介绍及楼宇内主要机电设备(空调系、给排水、照明、供配电、电梯)运行要求分析、监控原理图及点表分析、监控组件性能特点及使用要求分析,在需要实训的项目中列出了实训任务。

本书各项目以任务为导向,以操作过程图片或电气原理图为载体进行介绍,且实训任务详细、具体,为读者的学习提供了清晰的思路及资料。

本书适合中职、高职建筑智能化工程技术专业学生学习,也适合从事建筑机电设备自动化运行工作的工程技术人员和管理人员参考。

图书在版编目(CIP)数据

智能楼宇设备监控系统组态及组件/文娟主编. —
重庆:重庆大学出版社,2016.8(2021.8重印)
中等职业教育机电设备安装与维修专业系列教材
ISBN 978-7-5689-0031-7

Ⅰ.①智… Ⅱ.①文… Ⅲ.①智能建筑—房屋建筑设
备—监控系统—组态—中等专业学校—教材②智能建筑—
房屋建筑设备—监控系统—组件—中等专业学校—教材
Ⅳ.①TU85

中国版本图书馆CIP数据核字(2016)第185102号

智能楼宇设备监控系统组态及组件

主 编 文 娟
副主编 都本达
策划编辑:周 立

责任编辑:陈 力 邓桂华 版式设计:周 立
责任校对:邹 忌 责任印制:张 策

*

重庆大学出版社出版发行
出版人:饶帮华
社址:重庆市沙坪坝区大学城西路21号
邮编:401331
电话:(023)88617190 88617185(中小学)
传真:(023)88617186 88617166
网址:http://www.cqup.com.cn
邮箱:fxk@cqup.com.cn(营销中心)
全国新华书店经销
POD:重庆圣立印刷有限公司

*

开本:787mm×960mm 1/16 印张:11.5 字数:287千
2016年8月第1版 2021年8月第2次印刷
ISBN 978-7-5689-0031-7 定价:39.00元

前 言

　　智能建筑已成为我国建筑业发展的主要方向,楼宇机电设备自动化系统是智能建筑的重要组成部分。2005 年劳动部发布了"智能楼宇管理师"职业资格证书,楼宇设备自动化系统是四大考核模块之一,占分比重最高、难度系数最大。我校楼宇自动控制设备安装与维护专业自 2006 年 9 月开办以来,10 年的专业建设历程,教学团队取得了丰富的经验和成果。因此,我们结合社会现实的需要及 10 年来专业建设经验编写了这本关于楼宇设备自动运行的教材。

　　本书共分 8 个项目。项目一介绍了智能建筑的基本概念及发展趋势、现场总线、BAS 通信协议及 BAS 设计流程;项目二介绍了直接数字控制系统及直接数字控制器、霍尼韦尔DDC;项目三介绍了 BAS 智能楼宇组态软件,特别是霍尼韦尔的编程软件 CARE,对其四大功能操作、应用一一进行介绍;项目四介绍了空调监控系统的组态及组件,分析了空调系统运行原理、监控原理图及点表、CARE 控制策略、监控组件性能特点,列出了实训任务;项目五介绍了给排水监控系统组态及组件,分析了给水、排水运行方式,监控原理图及点表,开关逻辑、监控组件性能特点,列出了实训任务;项目六介绍了照明监控系统组态及组件,分析了传统照明方式及电路规范、监控原理图及点表、CARE 时间程序、监控组件性能特点,列出了实训任务;项目七介绍了供配电监控系统组态及组件,分析了发电、送电、配电整个环节,高低压供电方式及监控原理图,监控组件性能特点;项目八介绍了电梯监控系统组态及组件,分析了电梯硬件结构、运行原理、监控原理图及监控组件性能特点。

　　编写本书的目的是让读者通过阅读和学习全面了解智能建筑的计算机控制技术、楼宇设备原理及组态软件应用等,为从事相关工作奠定较好的基础。

　　目一、项目八由刘向勇编写,项目二由佟星编写,项目三由魏振媚编写,项目四、项目　　编写,项目五由黄浩波编写,项目七由都本达编写。全书由主编文娟、副主编都本　　　。

　　编者的水平所限,书中疏漏之处在所难免,希望同行及读者批评指正。

编者

2016 年 6 月

目　录

项目一　智能建筑及楼宇设备监控系统基本概念 ·················· 1

任务一　智能建筑的概念及特征 ····························· 1

任务二　计算机控制技术及楼宇设备监控系统 ················ 5

任务三　现场总线技术 ································· 9

任务四　BAS 通信协议 ······························· 11

本章小结 ··· 14

项目二　直接数字控制系统 ······························· 15

任务一　直接数字控制器 ······························ 15

任务二　霍尼韦尔 DDC ······························· 17

实训任务　Excel DDC 50 面板操作 ···················· 27

本章小结 ··· 28

项目三　BAS 组态软件 ······························· 29

任务一　国际及国内常用组态软件 ····················· 29

任务二　霍尼韦尔楼宇控制组态软件 CARE ·············· 32

实训任务　CARE 软件的基本操作 ··················· 61

本章小结 ··· 62

项目四　空调监控系统的组态及组件 ······················ 63

任务一　空调系统运行原理及硬件结构 ················· 63

任务二　空调系统的监控 ····························· 69

任务三　空调系统的 CARE 控制策略 ·················· 77

任务四　空调监控系统组件 ··························· 82

实训任务一　绘制新风系统监控原理图 ················ 96

实训任务二　编写空调系统运行的控制回路 ·············· 97

实训任务三　传感器认识及安装接线 ·················· 98

本章小结 ··· 100

项目五　给排水监控系统组态及组件 ······················ 101

任务一　给排水运行系统及硬件结构 ·················· 101

任务二　给排水系统的监控 ··························· 106

任务三　给排水系统的开关逻辑 ………………………………………………… 111

任务四　给排水监控系统组件 …………………………………………………… 116

实训任务一　绘制实训室给排水系统的监控原理图及点表 …………………… 122

实训任务二　给排水系统监控开关逻辑编写 …………………………………… 124

本章小结 …………………………………………………………………………… 125

项目六　智能照明监控系统组态及组件 ……………………………………… 126

任务一　照明技术及硬件结构 …………………………………………………… 126

任务二　智能照明系统的监控 …………………………………………………… 128

任务三　智能照明系统的时间程序 ……………………………………………… 134

任务四　智能照明系统的监控组件 ……………………………………………… 138

实训任务一　传统照明线路的连接 ……………………………………………… 144

实训任务二　时间程序编写 ……………………………………………………… 146

本章小结 …………………………………………………………………………… 147

项目七　供配电监控系统组态及组件 ………………………………………… 148

任务一　供配电技术 ……………………………………………………………… 148

任务二　供配电系统的监控 ……………………………………………………… 150

任务三　供配电系统的监控组件 ………………………………………………… 153

本章小结 …………………………………………………………………………… 161

项目八　电梯监控系统组态及组件 …………………………………………… 162

任务一　电梯结构及运行原理 …………………………………………………… 162

任务二　电梯运行监控 …………………………………………………………… 164

任务三　电梯运行监控组件 ……………………………………………………… 167

本章小结 …………………………………………………………………………… 173

附录　建筑设备监控系统(BAS)设计规范 ………………………………… 174

参考文献 ………………………………………………………………………… 175

项目一

智能建筑及楼宇设备监控系统基本概念

智能建筑(Intelligent Building,IB)于 1984 年首次出现在美国,指通过将建筑物的结构、系统、服务和管理根据用户的需求进行最优化组合,从而为用户提供一个高效、舒适、便利的人性化建筑。其技术基础主要由现代建筑技术、现代计算机技术、现代通信技术和电气控制技术所组成。

任务一　智能建筑的概念及特征

◆**目标**

1. 深刻理解智能建筑的含义,清楚智能建筑的特征。
2. 熟识 3A 子系统及 5A 子系统的名称及各自的自动化领域。
3. 了解智能建筑的主流技术及发展趋势。

◆**相关知识**

一、智能建筑的概念

什么是智能建筑? 什么样的建筑才能称为智能建筑?

修订版的国家标准《智能建筑设计标准》(GB 50314—2015)对智能建筑定义为:"以建筑物为平台,基于对各类智能化信息的综合应用,集架构、系统、应用、管理及优化组合为一体,具有感知、传输、记忆、推理和决策的综合智慧能力,形成以人、建筑、环境互为协调的整合体,为人们提供安全、高效、便利及可持续发展功能环境的建筑。"

国外相关学术的定义:

(1)美国的定义

通过将建筑物的结构、系统、服务和管理 4 个基本要素及其相互关系来提供一种投资合理,具有高效、舒适和便利环境的建筑物环境。美国是世界上第一个出现智能建筑的国家,也是智能建筑发展最迅速的国家。1984 年 1 月,在美国的康涅狄格州哈特福德市出现了世界上第一座智能大厦,它由一座名为都市大厦的旧金融大楼改建而成。该楼改造后,大楼内的空调、供水、防火防盗、供配电系统均由计算机控制,实现了自动化综合管理,使客户真正感到合适、安全。

（2）日本的定义

日本的智能建筑系统包括4个部分:适应接收和发送信息,达到高效管理;确保在大厦工作的人感到舒适和方便;物业管理以期实现最小花费的最佳管理;在不同的生意模式中都能得到最快的经济回报。

日本第一次引进智能建筑的概念是在1984年夏天,从1985年开始建智能大厦,到目前为止,智能建筑已经在日本全国开花结果。其中名气较大的有墅村证券大厦、安田大厦、KDD通信大厦等。全国新建的大楼约65%都是智能建筑。日本的智能建筑充分利用信息、网络、控制与人工智能技术,住宅技术实现现代化,日本被认为是在智能建筑领域进行全面的综合研究并提出有关理论和进行实践的最具代表性的国家之一。

尽管智能建筑的概念在国际上尚无一致的认定,但究其实质,就是以建筑为平台,运用系统工程、系统集成等先进的科学方法和技术,通过对建筑的结构（建筑环境结构）、系统（应用系统）、服务（用户需求）、管理（物业管理）以及它们之间内在的联系进行最优化设计,而获得一个投资合理、高效、舒适、便利、高度安全的建筑（环境空间）。

二、智能建筑的特征

智能建筑将楼宇自动化系统（Building Automation System,BAS）、通信自动化系统（Communication Automation System,CAS）和办公自动化系统（Office Automation System,OAS）通过综合布线系统（Generic Cabling System,GCS）有机地结合在一起,并利用系统软件构成智能建筑的软件平台,使实时信息、管理信息、决策信息、视频信息、语音信息以及其他各种信息在网络中流动,实时信息共享。

1.集成性

所谓集成（Integrated）,是指把各个自成体系的硬件和软件加以集中,并重新组合到统一的系统之中,它包含删除与连接、修改与统筹等意义,同时不排除软/硬件并行工作。

智能建筑的集成,一般来说需要经历从子系统功能级集成到控制网络的集成,而后到信息系统、信息网络的集成,并按应用的需求来进行连接、配置和整合,以达到系统的总体目标。

智能建筑从大方向来说是由3个独立的自动化子系统组成,即楼宇设备自动化系统（BAS）、通信自动化系统（CAS）和办公自动化系统（OAS）,即3A子系统,如图1-1所示。

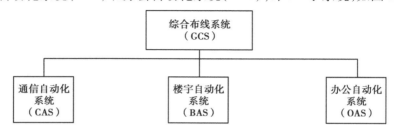

图1-1　智能建筑的组成

随着技术的细化,智能建筑可划分为5个独立的自动化系统,即楼宇自动化系统（Building Automation System,BAS ）、安全防范自动化系统（Security Automation System,SAS）、通信自动化系统(Communication Automation System,CAS)、防火自动化系统(Fire Automation System, FAS)和办公自动化系统(Office Automation System,OAS),即5A子系统。这些子系统仍然是通过综合布线系统有机组合在一起的,以满足用户不断提高的各方面的要求,如图1-2所示。

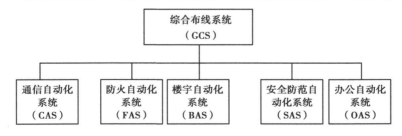

图1-2　楼宇自动化5A系统

防火自动化系统及安全防范自动化系统是从楼宇自动化系统中细化出的。

2.复杂性

从智能建筑的观点看,"智能建筑"是建筑、计算机、现代通信、自动控制以及人文、环境的有机集合体,通过互联网与外部社会融合为一体,形成一个具有开放特征的复杂系统。

复杂系统的另一个重要特征就是系统的"复杂性"。任何一个智能建筑,总是存在着一个建筑智能化系统。它好像人体的心脏,在时时刻刻维系着智能建筑的运行,而存在于智能建筑中的计算机网络,犹如人体的神经系统,不停地与外界联系和进行交互作用,作为"复杂网络"象征的互联网,把智能建筑融合在整个社会之中。

3.先进性

智能建筑的先进性特征,主要反映在建筑智能化系统的先进技术应用方面,其先进技术的内涵,应该是现代办公自动技术、现代通信技术、计算机网络技术和自动化控制技术等的综合体现和应用。

三、智能建筑的产生背景

智能建筑的产生不是偶然的,而是有其深刻的经济、社会和技术背景。归纳起来,有以下4个方面的原因。

1.技术背景

进入20世纪80年代,信息技术飞速发展,极大地促进了社会生产力的变革,人们的生产、生活方式随之发生了日新月异的变化。全球信息革命的高潮、知识经济、可持续发展已引起广泛关注,最近又有人豪迈地提出"数字地球"。智能建筑就是在这样的技术背景下产生的。表现在:

①电子商业的出现,包括网上信息服务、电子购物、电子银行和金融服务、网上攻读学位。

②管理工作的变化。

③制造业和经济活动全球化。有了Internet,一个新设备可以在美国设计,中国印刷,俄罗斯制造。

2.社会背景

20世纪科学技术的飞速发展,导致了产业结构的深刻变化。据日本对各职业的分类,就业人口从事第三产业的职业人数,1955年100万人,占就业总劳动人数的26%;1985年2 800万人,占就业总劳动人数的47%。这表明一个从工业社会中脱胎而出的、新型的信息化时代的到来。信息资源成为社会生产的一种主要资源,成为人类生存和社会进步的重要因素,使信息技术市场竞争日趋激烈,各种机构应运而生,这就为智能建筑的技术和设备选择提供了坚实而广泛的基础。

3. 经济背景

经济是人类一切活动和社会进步发展的基础,对于智能建筑的产生,经济同样起到决定性的作用。20世纪八九十年代,由于亚洲经济的崛起,世界经济又进入了一个突飞猛进的时期,支撑了智能建筑的产生及发展。

4. 生产、生活的客观需求

随着生活水平的提高,人们对生产、生活场所的环境条件也提出了更高的要求,而智能建筑的出现正迎合了这种需求,它能为使用者提供更加方便、舒适、高效和节能的生产与生活条件。

智能建筑的产生不是偶然的,是多种因素相互影响、共同作用的结果,未来智能建筑的发展也必将如此。

四、我国智能建筑的现状及发展趋势

1. 现状

虽然国内智能建筑发展火热,但智能建筑行业还处于混乱局面。主要体现在以下3个方面:

第一,建筑各方配合不默契。配合不同类型的建筑项目有着不同的智能化要求。

第二,系统集成商的水平不高。智能建筑市场主要在建筑领域要有针对性地开发,满足工程各种要求。怎样把好的东西用好,要有设计、规划、施工、监理、验收一整套的流程,在这当中,与系统集成商的水平相关,系统集成商要与建筑领域相关部门很好地结合。

第三,缺乏原创产品。我国建筑智能市场正处于成长期,未来行业集中度将逐渐提高。低端市场的竞争将日趋激烈,规模较小不具备核心能力的厂商将会被淘汰;高端市场的增长将超过行业平均水平,但对进入者的资金实力和技术能力都将提出很高的要求。未来本土一些具备较强资本实力和技术能力的企业将能充分分享行业的成长,获得较快的发展。

2. 发展趋势

当前,智慧城市建设是我国社会建设的重要任务之一,智能建筑作为实现智慧城市的重要驱动力之一,指通过将建筑物的结构、系统、服务和管理根据用户的需求进行最优化组合,从而为用户提供一个高效、舒适、便利的人性化建筑环境,是集现代科学技术之大成的产物,其技术基础包含现代建筑技术、现代计算机技术、现代通信技术和现代控制技术所组成。

在"互联网+"浪潮下,建筑行业出现了一个新词——智能建筑。只有两张床大小的迷你卧室,电钮一按自动转换成一间智能办公室;房屋墙体开裂了,涂上纳米"创可贴",裂缝即强劲弥合……拥抱互联网的建筑,就是这么"潮"。

随着信息化技术和水平的提升,BIM(建筑信息模型)、大数据、物联网、移动技术、云计算等,都可以打破传统发展模式。而这些技术手段都是通过"互联网"实现,进而作用于建筑行业,提高行业信息化水平,降低成本,提高效率。

嫁接"互联网+"是智能建筑发展的热门趋势。智慧建筑是集现代科学技术之大成的产物,而"互联网+"理念的植入,为"智慧建筑"大厦的构建提供了无限可能。因此,智能建筑是建筑行业未来的必定趋势,从国家层面到各地,均已把智慧建筑纳入智慧城市建设的高度予以重点推广。目前,我国智慧建筑市场产值已超过千亿元,并且正以每年 20% ~ 30% 的速度增长,未来市场可达数万亿元。

◆**任务实施过程**

1.播放关于国内外成熟的智能建筑的视频,通过视频让学生了解智能建筑的性能及智能建筑与普通建筑的区别。

2.要求学生到所居住的小区观察有哪些楼宇智能化系统。

3.安排时间到一些比较先进的示范智能建筑参观,对比 5A 子系统的体现情况。

4.要求学生到图书馆、上网查询智能建筑相关资料及各地区、各个国家现阶段的发展概况。

◆**问题**

1.什么是智能建筑?

2.叙述智能建筑的 3A 子系统或 5A 子系统。

3.智能建筑的特征有哪些?

◆**实践任务**

根据智能建筑的特征,判别周围的商住宅是否是智能建筑。如果不是,请说出在哪些方面没有达到?

任务二　计算机控制技术及楼宇设备监控系统

◆**目标**

1.认识计算机控制系统及集散控制。

2.楼宇设备自动化系统(BAS)的结构及组成。

3.楼宇常用传感器和执行器的工作原理及使用。

4.理解集散控制的层次,对比集散控制的结构图与 BAS 体系的结构图,把两者进行关联。

◆**相关知识**

一、计算机控制技术

计算机控制系统(Computer Control System,CCS)是应用计算机参与控制并借助一些辅助部件与被控对象相联系,以获得一定控制目的而构成的系统。这里的计算机通常指数字计算机,可以有各种规模,如从微型到大型的通用或专用计算机。

计算机控制系统由控制部分和被控对象组成,其控制部分包括硬件部分和软件部分,这不同于模拟控制器构成的系统只由硬件组成。计算机控制系统软件包括系统软件和应用软件。系统软件一般包括操作系统、语言处理程序和服务性程序等,它们通常由计算机制造厂为用户配套,有一定的通用性。应用软件是为实现特定控制目的而编制的专用程序,如数据采集程序、控制决策程序、输出处理程序和报警处理程序等。它们涉及被控对象的自身特征和控制策略等,由实施控制系统的专业人员自行编制。

按控制机参与控制方式来分类,可分成以下 4 种:

1. 直接数字控制系统

由控制计算机取代常规的模拟调节仪表而直接对生产过程进行控制,由于计算机发出的信号为数字量,故得名 DDC 控制。实际上受控的生产过程的控制部件,接受的控制信号可以通过控制机的过程输入/输出通道中的数/模(D/A)转换器将计算机输出的数字控制量中转换成模拟量;输入的模拟量也要经控制机的过程输入/输出通道的模/数(A/D)转换器转换成数字量进入计算机。

DDC 控制系统中常使用小型计算机或微型机的分时系统来实现多个点的控制功能。实际上是属于用控制机离散采样,实现离散多点控制。这种 DDC 计算机控制系统已成为当前计算机控制系统中主要的控制形式之一。

DDC 控制的优点是灵活性大、集中可靠性高和价格便宜。能用数字运算形式对若干个回路,甚至数十个回路的生产过程,进行比例—积分—微分(PID)控制,使工业受控对象的状态保持在给定值,偏差小且稳定。而且只要改变控制算法和应用程序,便可实现较复杂的控制。如前馈控制和最佳控制等。一般情况下,DDC 级控制常作为更复杂的高级控制的执行级。

2. 计算机监督控制系统

计算机监督控制系统是针对某一种生产过程,依据生产过程的各种状态,按生产过程的数学模型计算出生产设备应运行的最佳给定值,并将最佳值自动地或人工对 DDC 执行级的计算机或对模拟调节仪表进行调正或设定控制的目标值。由 DDC 或调节仪表对生产过程各个点(运行设备)行使控制。

SCC 系统的特点是能保证受控的生产过程始终处于最佳状态情况下运行,因而获得最大效益。直接影响 SCC 效果优劣的首先是它的数学模型,为此要经常在运行过程中改进数学模型,并相应修改控制算法和应用控制程序。

3. 多级控制系统

在现代生产企业中,不仅需要解决生产过程的在线控制问题,而且还要求解决生产管理问题,每日生产品种、数量的计划调度以及月季计划安排,制订长远规划、预报销售前景等,于是出现了多级控制系统。

DDC 级主要用于直接控制生产过程,进行 PID 或前馈控制;SCC 级主要用于进行最佳控制或自适应控制或自学习控制计算,并指挥 DDC 级控制同时向 MIS 级汇报情况。DDC 级通常用微型计算机,SCC 级一般用小型计算机或高档微型计算机。

车间管理的 MIS 主要功能是根据工厂级下达的生产品种、数量命令和搜集上来的生产过程的状态信息,随时进行合理调度,实现最优控制,指挥 SCC 级监督控制。

工厂管理级的 MIS 主要功能是接受公司下达的生产任务和本厂的实际情况,进行最优化计算,制订本厂生产计划和短期(旬或周或日)安排,然后给车间级下达生产任务。

公司管理级的 MIS 主要功能是对市场需求预测计算,制订战略上的长期发展规划,并对订货合同、原料供应情况和企业的生产状况,进行最优生产方案的比较选择计算,制订出整个公司企业较长时间(月或旬)的生产计划、销售计划,并向各工厂管理级下达任务。

MIS 级主要功能是实现信息实时处理,为各级决策者提供有用的信息,作出关于生产计划/调度和管理方案,使计划协调和经营管理处于最优状态。这一级可根据企业的规模和管理范围的大小分成若干级。每级又依要处理的信息量的大小确定采用的计算机的类型。

一般情况下车间级 MIS 用小型计算机或高档微型计算机,工厂管理级的 MIS 用中型计算机,而公司管理级的 MIS 则用大型计算机,或者用超大型计算机。

4.分布式控制或分散控制系统

分散控制或分布控制,是将控制系统分成若干个独立的局部控制子系统,用以完成受控生产过程自动控制任务。由于微型计算机的出现与迅速发展,为实现分散控制提供了物质和技术基础,近年来分散控制得以异乎寻常的速度发展,且已成为计算机控制发展的重要趋势。自 20 世纪 70 年代起,又出现了集中分散式的控制系统,简称为集散系统(DCS)。它是采用分散局部控制的新型的计算机控制系统。集散系统 DCS 层次结构如图 1-3 所示。

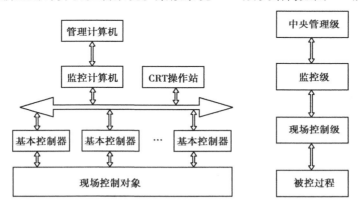

图 1-3　集散系统 DCS 层次结构图

二、楼宇设备监控系统

楼宇机电设备监控系统,即智能大厦楼宇自动化系统(Building Automation System,BAS),担负着对整座大厦内机电设备的集中监测与控制,保证所有设备的正常运行,并达到最佳状态。这些设备包括建筑物或建筑群内的变配电、照明、电梯、空调、供热、给排水、消防、保安等众多分散设备。同时,在计算机软件的支持下进行信息处理、数据计算、数据分析、逻辑判断、图形识别等,从而提高了智能大厦的高水平的现代化管理和服务。

BAS 是建立在计算机技术基础上的采用网络通信技术的分布式集散控制系统,它允许实现对各子系统进行自动监控和管理。

1.BAS 系统的监控范围和参数内容

①空调机组:新风空调机组、新/回风空调机组、变风量空调机。

②冷/热源系统:冷冻机组、冷冻水泵、冷却水泵、冷却塔、热交换器、热水一次水泵、热泵机组。

③给排水系统:各类水泵、各类水箱。

④电力系统:照明控制、高/低压信号测量、备用发电机组。

⑤电梯的运行状况。

⑥保安门锁、巡更等。

2.BAS 系统所能够产生的实际效果

①室内恒温控制。

②便于大楼内所有设备的保养和维修。

③便于大楼管理人员对设备进行操作并监视设备运行情况,提高整体管理水平。

④良好的管理将延长大楼设备的使用寿命,使设备更换的周期延长,节省大楼的设备开支。

⑤及时发出设备故障及各类报警信号,便于将损失降到最低点,便于操作人员处理故障。

⑥节省运行费用,节省能量。

3. BAS 系统的组成

(1)BAS 系统的组成

BAS 系统的组成如图 1-4 所示。

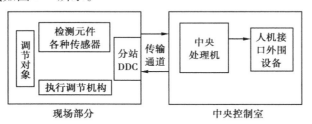

图 1-4　BAS 系统的组成

中央控制室(数据中心):包括中央处理机(一台微型计算机、存储器、磁带机和接口装置)、外围设备(显示终端、键盘、打印机)和不间断电源 3 个部分。

传感器及执行调节机构:传感器是指装设在各监视现场的各种敏感元件、变送器、触点和限位开关、用来检测现场设备的各种参数(如温度、湿度、压差、液位等),并发出信号送到调节控制器(分站、数据中心等),如铂电阻温度检测器、复合湿度检测器、风道静压变送器、差压变送器。

执行调节机构:是指装设在各监控现场接受分站调节控制器的输出指令信号,并调节控制现场运行设备的机构,如电动阀、电磁阀、调节阀等,包括执行机构(如电动阀上的电机)和调节机构(电动阀的阀门)。

分站控制器:是以微处理机为基础的可编程直接数字控制器(DDC),它接收传感器输出的信号,进行数字运算,逻辑分析判断处理后自动输出控制信号,进行动作执行及调节机构。

分站控制器:是整个控制系统的核心,采用直接数字控制器(DDC),它具有 AI,AO,DI,DO 4 种输入/输出接口。方便灵活地与现场的传感器、执行调节机构直接相连接,对各种物理量进行测量,以及实现对被控系统的调节与控制。其中:

AI 为模拟量输入接口,可用作仪表的检测输入,如温度、压力等,一般为 1～10 V 或 4～20 mA 的直流信号。

AO 为模拟量输出接口,用于操作控制阀、执行器等,如电动阀、三通阀、风门执行器等,不需要外部电源,输出为 0～10 V 的直流信号。

DI 为数字量输入接口,即触点、液位开关、限位开关的闭合与断开,一般用作检测设备状态、报警接点、脉冲计数等。

DO 为数字量输出接口,用于控制风机、水泵等运行,也可作为输出信号与动作增减量型执行机构。

数据传输线路:是联系系统各部分的纽带,从各个监控点到分站控制器的线路是逐点连接(放射式),数据中心与各分站通过总线型或环形网络结构进行组网,各分站直接用一回路双芯导线连接到总线上就可以实现分站与分站之间、分站与中央站之间的通信。

（2）建筑设备监控系统的结构

建筑设备监控系统的结构图如图1-5所示，其中现场控制层实现的是单个设备的自动化；监督控制层实现的是各个子系统的各种设备的协调控制和集中操作管理，即分系统的自动化；管理层协助管理子系统，实现全局优化控制和管理，从而实现综合自动化的目的。

系统的通信网络分两层。分布在现场DDC与子系统管理计算机之间构成第一层网络，用于在上位机与DDC之间上传大量的检测与控制数据以及各DDC之间相互通信协调，该层网络一般通过EIA标准总线RS-485或RS-422进行互连，为保证信息的实时性，通信速率一般不低于9 600 bit/s；各子系统管理计算机及由中央管理计算机之间构成第二层网络。由于该级上传的主要为管理信息，数据量大，故采用高速通信网络。BAS系统层次结构如图1-5所示。

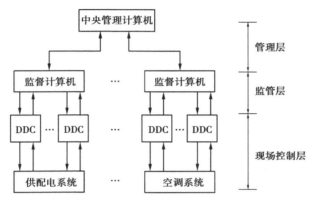

图1-5　BAS系统层次结构图

◆**任务实施过程**

1. 请同学列举建筑内的机电设备。

2. 计算机控制主要是采集现场设备信息，展示温度传感器、湿度传感器等常用传感器及风机、风阀等执行器等。

3. 讲解清楚集散控制结构与BAD体系结构图的关系。

◆**问题**

1. 说出BAS体系的作用及包括的机电设备。

2. 说明BAS体系与DCS间的关系。

3. 区别设备运行监控与视频监控的区别。

任务三　现场总线技术

◆**目标**

1. 定义现场总线的意义。

2. 现场总线的分类。

3. 能区别各类总线。

◆相关知识

通信网络是 BAS 各级设备之间以及同级设备之间联系的纽带，是整个系统得以协调运行的保证。

一、现场总线简介

现场总线（Fieldbus）是近年来迅速发展起来的一种工业数据总线，它主要解决工业现场的智能化仪器仪表、控制器、执行机构等现场设备间的数字通信以及这些现场控制设备和高级控制系统之间的信息传递问题。由于现场总线简单、可靠、经济实用等一系列突出的优点，因而受到了许多标准团体和计算机厂商的高度重视。

现场总线（Fieldbus）是 20 世纪 80 年代末、20 世纪 90 年代初国际上发展形成的，用于过程自动化、制造自动化、楼宇自动化等领域的现场智能设备互连通讯网络，是以智能传感、控制、计算机、数字通信等技术为主要内容的综合技术。现场总线设备的工作环境处于过程设备的底层，作为工厂设备级基础通信网络，要求具有协议简单、容错能力强、安全性好、成本低的特点。

一般把现场总线系统称为第五代控制系统，也称为 FCS——现场总线控制系统。一方面，突破了 DCS 系统采用通信专用网络的局限，采用了基于公开化、标准化的解决方案，克服了封闭系统所造成的缺陷；另一方面，把 DCS 的集中与分散相结合的集散系统结构，变成了新型全分布式结构，把控制功能彻底下放到现场。可以说，开放性、分散性与数字通信是现场总线系统最显著的特征。

二、现场总线分类

国际上有 40 多种现场总线，但没有任何一种现场总线能覆盖所有的应用面，按其传输数据的大小可分为 3 类：传感器总线（sensor bus），属于位传输；设备总线（device bus），属于字节传输；现场总线，属于数据流传输。

1. RS-485 总线

尽管 RS-485 不能称为现场总线，但是作为现场总线的鼻祖，还有许多设备继续沿用这种通信协议。采用 RS-485 通信具有设备简单、低成本等优势，仍有一定的生命力。以 RS-485 为基础的 OPTO-22 命令集等也在许多系统中得到了广泛的应用。

2. Lon-Works 总线

Lon-Works 目前是 BAS 中应用最广泛的现场总线技术之一。它是由美国 Ecelon 公司推出并由摩托罗拉 Motorola、东芝 Hitach 公司共同倡导，于 1990 年正式公布而形成的。它采用了 ISO/OSI 模型的全部七层通信协议，采用了面向对象的设计方法，通过网络变量把网络通信设计简化为参数设置，其通信速率从 300 bps 至 15 Mbps 不等，直接通信距离可达到 2 700 m（78 kbps，双绞线），支持双绞线、同轴电缆、光纤、射频、红外线、电源线等多种通信介质，被誉为通用控制网络。

Lon-Works 技术所采用的 LonTalk 协议被封装在称之为 Neuron 的芯片中并得以实现。集成芯片中有 3 个 8 位 CPU：第一个用于完成开放互连模型中第 1～2 层的功能，称为媒体访问控制处理器，实现介质访问的控制与处理；第二个用于完成第 3～6 层的功能，称为网络处理器，进行网络变量处理的寻址、处理、背景诊断、函数路径选择、软件计量时、网络管理，并负责网络通信控制、收发数据包等;第三个是应用处理器,执行操作系统服务与用户代码。芯片中还具有存储信息缓冲区,以实现 CPU 之间的信息传递,并作为网络缓冲区和应用缓冲区。

在开发智能通信接口、智能传感器方面,Lon-Works 神经元芯片也具有独特的优势。Lon-Works 技术已经被美国暖通工程师协会 ASRE 定为建筑自动化协议 BACnet 的一个标准。

3.Modbus 现场总线

Modbus 是楼宇自动化领域中许多电力系统、大型设备(如冷冻机组、锅炉机组等)的专业控制器及各种变频器都具有 Modbus 通信接口。

Modbus 是工业控制器的网络协议中的一种。Modbus 是由 Modiconw 公司(现代施耐德电气的一个品牌)于 1978 年发明的,这是一个划时代、里程碑式的网络协议,因为工业网络从此拉开了序幕。

Modbus 协议是应用于电子控制器上的一种通用语言,是一项应用层报文传输协议,是一个请求应答协议。通过此协议,控制器相互之间、控制器经由网络(例如以太网)和其他设备之间可以通信。有了它,厂商生产的设备可以连成工业网络,进行集中监控。此协议决定了每个控制器需要知道它们的设备地址,识别按地址发来的消息,决定要产生何种行动。如果需要回应,控制器将生成反馈信息并用 Modbus 协议发出。在其他网络上,包含了 Modbus 协议的消息转换为在此网络上使用的帧或包结构。这种转换也扩展了根据具体的网络解决节地址、路由路径及错误检测的方法。

◆ **任务实施过程**

1.通过网上资料,准备各种具体总线的图片,特别是常见的 RS-485,RS-232 总线及 UGB 线,并展示实训室中现有的各类总线及总线所连接的设备。

2.在安全情况下,学生到周边电脑城去了解或访问业内人士 Lon-Works 总线、Modbus 现场总线等的应用。

◆ **问题**

1.现场总线的意义是什么?

2.有哪几类现场总线? 各自的特点是什么?

任务四 BAS 通信协议

◆ **目标**

1.BAS 通信协议的目的。

2.BAS 通信协议对应的具体协议的名称。

3.BACet 协议的优点。

◆ **相关知识**

随着信息技术的高度发展,智能建筑内各种控制功能不断增强,以至于不同厂商生产的设备共存于一个建筑物内。基于市场独占的目的,各个厂商基本都致力于开发自己专有的通信协议,但是这些各种各样的通信协议和设备不但给智能建筑的系统集成和管理带来诸多不便,也使用户受限于厂商而使造价和使用、维护费用居高不下,因此制订一个开放的、统一的通信协议标准,实现无缝隙的集成控制系统势在必行。

现场总线仅对楼宇自控系统的现场控制级网络进行了定义,而楼宇自控系统网络的标准化进程并不满足于现场控制级网络的公开化和标准化,而进一步追求整体通信解决方案的标准化。

为创建使不同厂家的暖通空调子系统相连接的标准方法,美国供暖制冷及空调工程师协会(American Society of Heating Refrigeration and Airconditioning Engineers,ASHRAE)制订了一种开放标准,被称为"楼宇自动控制网络数据通信协议",即 BACnet(Building Automation and Control NETwork)。它通过建立一种统一的数据通信标准,协议是针对采暖、通风、空调、制冷控制设备所设计的,同时也为其他楼宇控制系统(例如照明、安保、消防等系统)的集成提供了一个基本原则。

BACnet 协议最根本的目的是提供一种楼宇自动控制系统实现互操作的方法。所谓互操作性是指分散分布的控制设备相互交换和共享数字化信息,从而协调地工作,最终达到一个共同目标的能力。BACnet 协议的核心是面向控制网络信息交换的数据通信解决方案。

一、BACnet 协议的体系结构

BACnet 协议参照国际标准化组织(ISO)制订的开放系统互联参考模型(OSI/RM)的体系结构,采用了分层的思想,同时根据楼宇自控系统的具体特点进行了简化。OSI/RM 模型分为 7 层,每一层调用下一层的服务,实现各自功能,并向上一层提供服务,各层的服务调用是通过服务原语实现的。BACnet 协议在确定分层时主要考虑了下列两个因素:

①OSI/RM 模型的实现需要很高的费用。实际上在绝大部分楼宇自控系统应用中也并不需要这么多的层次,事实上 BACnet 只包含 OSI 模型中被选择的层次,其他各层则去掉,这样减少了报文长度,降低了通信处理开销,同时也节约了楼宇自控工业的生产成本。

②BACnet 应充分利用现有的广泛使用的局域网技术,如 Ethernet,ARCNET 和 LonTalk,因此成本进一步降低,同时也有利于技术的推广和性能的提高。

考虑了楼宇设备监控网络的特征和要求以及尽可能少的协议开销原则后,BACnet 协议提出了一种简化的四层体系结构,相当于 OSI/RM 模型中的物理层、数据链路层、网络层和应用层,如图 1-6 所示。

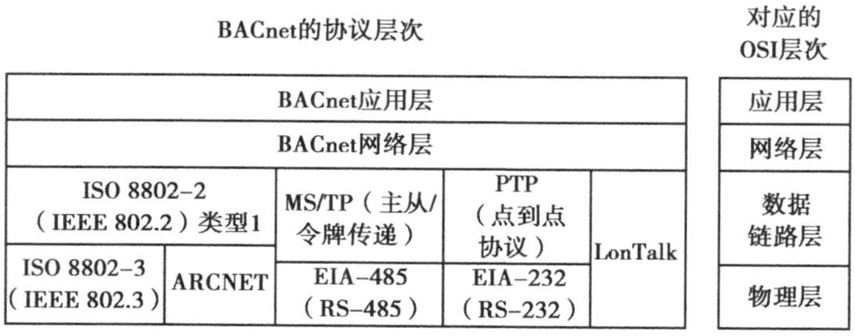

BACnet的协议层次				对应的 OSI层次
BACnet应用层				应用层
BACnet网络层				网络层
ISO 8802-2（IEEE 802.2）类型1	MS/TP（主从/令牌传递）	PTP（点到点协议）	LonTalk	数据链路层
ISO 8802-3（IEEE 802.3）	ARCNET	EIA-485（RS-485）	EIA-232（RS-232）		物理层

图 1-6 简化的 BACnet 体系结构层次图

二、BACnet 协议的优点

1. 开放性

任何厂家都可以按照 BACnet 标准开发与 BACnet 兼容的控制器或接口,在这一标准协议下实现相互交换数据的目的。

2. 互操作性

BACnet 采用面向对象技术,在 BACnet 中,对象就是在网络设备之间传输的一组数据结构,也是输入、输出、输入和/或输出功能组的逻辑代表,网络设备通过读取、修改封装在应用层协议数据单元(APDU)中的对象数据结构进行信息交换,实现互操作。

3. 提供全面的端对端服务

BACnet 协议在人机界面(HMI)和现场设备间或不同系统的现场设备间可以直接进行信息传输而无须特别附加设备。

三、建筑设备监控系统(BAS)设计

1. 总要求

根据 ALERTON 公司的 BACtalk 系统对建筑设备监控系统(简称楼宇自控系统或 BAS)工程的设计总要求如下:

①DDC 的设置应主要考虑系统管理方式,易于安装调试及维护方便和经济性,一般按机电系统的平面布置进行划分,如布置在冷冻站、热交换站、空调机房等控制点较为集中之处,并且被控设备与 DDC 之间尽量采用一对一控制。DDC 应置于控制箱内,箱体一般挂墙明装,距地 1.5 m。

②BAS 中控室的位置,应尽量注意远离变配电等强电磁干扰源,并注意防潮、防振。控制室内宜采用抗静电活动地板,其土建及装修要求参见有关计算机房的设计标准。

③BAS 系统的电源应由变配电站直接引出专用回路供电,中央操作站供电应设不间断电源(UPS)装置,其容量应包括系统内用电设备的总和并考虑预计的扩展容量,UPS 供电时间不低于 20 min,DDC 的电源宜采用中央控制室内集中供电方式。如采用就地供电方式,可由就近的紧急电源供给。

④BAS 系统的接地一般采用建筑物联合接地方式,要求联合接地电阻不大于 1 Ω。如 BAS 系统单独设置接地系统,应采用单点接地方式,要求接地电阻不大于 4 Ω,并与建筑物防雷接地系统接地极之间距离不小于 20 m。

⑤根据 BACtalk 系统设计采用的仪表的量程选择、调节阀计算方法等,参见《ALERTON 产品技术手册》。现场仪表安装方法,参见产品的具体安装说明书。

2. 设计流程

建筑设备监控系统(BAS)设计流程,如图 1-7 所示。

◆**任务实施过程**

1. 通过资料准备说明"协议"的概念及重要性。

2. BACnet 协议的针对对象及重要性。

3. 条件可以的情况,走访相关企业了解建筑设备监控系统(BAS)设计的要点及流程。

◆**问题**

1. BACnet 协议是什么机构提出的?针对什么对象及其意义是什么?

2. BACnet 协议体系结构是什么?

3. 说出建筑设备监控系统(BAS)设计要点及设计流程。

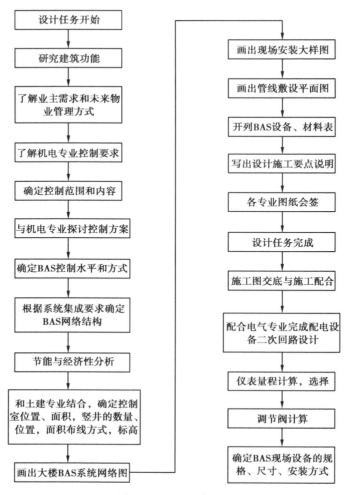

图 1-7　BAS 设计流程

本章小结

1.智能建筑的概念及特征、产生、发展现状。

2.计算机控制的功能,计算机控制系统的分类。

3.楼宇设备自动化系统(BAS)针对楼宇内各机电设备进行集中管理和监控。采用了计算机控制系统中的集散控制结构。

4.现场总线技术、BAS 通信协议及 BAS 设计流程。

项目二

直接数字控制系统

　　智能建筑中的集散计算机控制系统是通过通信网络将不同数目的现场控制器与中央管理计算机连接起来,共同完成各种采集、控制、显示、操作和管理功能。

　　智能建筑中的现场控制器即直接数字控制,直接数字控制(Direct Digit Control)简称为DDC 系统。直接数字控制系统是一种闭环控制系统。在系统中,由一台计算机通过多点巡回检测装置对过程参数进行采样,并将采样值与存于存储器中的设定值进行比较,再根据两者的差值和相应于指定控制规律的控制算法进行分析和计算,以形成所要求的控制信息,然后将其传送给执行机构,用分时处理方式完成对多个单回路的各种控制(如比例、积分、微分、前馈、非线性、适应等控制)。直接数字控制系统具有在线实时控制、分时方式控制和灵活性、多功能性 4 个特点。DDC 内部系统框图及与计算机、现场设备通信系统如图 2-1 所示。

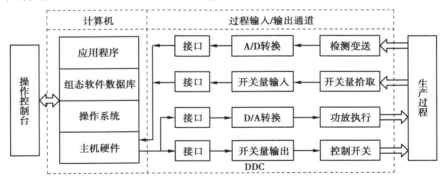

图 2-1　DDC 内部系统框图及与计算机、现场设备通信系统

任务一　直接数字控制器

◆目标

1. 直接数字控制器与直接数字控制的关系。

2. 直接数字控制器的 4 个通道。

3. AI,DI,AO,DO 之间的区别。

◆ 相关知识

DDC 控制器是整个 BAS 控制系统的核心,是系统实现控制功能的关键部件。它的工作过程是控制器通过模拟量输入通道(AI)和数字量输入通道(DI)采集实时数据,并将模拟量信号转变成计算机可接受的数字信号(A/D 转换),然后按照一定的控制规律进行运算,最后发出控制信号,并将数字量信号转变成模拟量信号(D/A 转换),并通过模拟量输出通道(AO)和数字量输出通道(DO)直接控制设备的运行。

一、直接数字控制器的定义

直接数字控制器(Direct Digit Controler,DDC)在一套完整的楼宇自动化系统中又称为下位机。直接数字控制器是指完成被控设备特征参数与过程参数的测量,并达到控制目的的控制装置。数字的含义是控制器利用数字电子计算机实现其功能要求,直接说明该装置在被控设备附近,无须再通过其他装置即可实现上述全部测控功能。

随着技术发展,DDC 代替了传统控制组件,如温度开关、接收控制器或其他电子机械组件及优于 PLC 等,特别成为各种建筑环境控制的通用模式。DDC 系统是利用微信号处理器来执行各种逻辑控制功能,它主要采用电子驱动,但也可用传感器连接气动机构。

所有的控制逻辑均由微信号处理器,并以各控制器为基础完成。这些控制器接收传感器,常用触点或其他仪器传送来的输入信号,并根据软件程序处理这些信号,再输出信号到外部设备。这些信号可用于启动或关闭机器,打开或关闭阀门或风门,或按程序执行复杂的动作。这些控制器可用手操作中央机器系统或终端系统。

二、直接数字控制器的原理

直接数字控制器(DDC)内部包含了可编程序的处理器,采用模块化的硬件结构。在不同的控制要求下,可以对模块进行不同的组合,执行不同的功能。可编程模块化控制器是最灵活、功能最强的 DDC 设备。它具备通信功能,控制程序可根据要求进行编写或修改,在系统设计和使用中,主要掌握 DDC 的输入和输出的连接,DDC 的输入/输出端口有 4 种类型。

1. 模拟量输入通道

模拟量输入通道(AI)一般包括信号调理电路、多路转换开关、采样保持器、A/D 转换器等几个组成部分。AI 通道组成如图 2-2 所示。

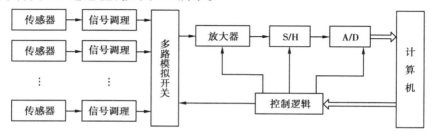

图 2-2 AI 通道组成

2. 数字量输入通道

数字量输入通道(DI)的任务主要是将现场输入的开关信号经转换、保护、滤波、隔离等措施后转换成计算机能够接收的逻辑信号,即将被控对象的开关状态信号(或数字信号)传送给计算机,简称 DI(Digital Input)通道。DI 通道如图 2-3 所示。

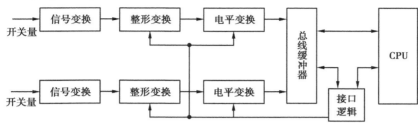

图 2-3　DI 通道组成

3.模拟量输出通道

DDC 控制器对外部信号的采集,通过分析处理后输出给输出通道(AO)。当外部需要模拟量输出时,系统经过 D/A 转换器转换成标准电信号。模拟量输出信号一般用来控制风阀或水阀。

4.数字量输出通道

DDC 控制器采集外部信号,通过分析处理后输出给输出通道(DO)。当外部需要数字量输出时,系统直接提供开关信号来驱动外部设备。这些数字量开关信号可以是继电器的触点、NPN 或 PNP 三极管、可控硅元件等。

◆**任务实施过程**

1.通过示波器演示交流电压、电流波形,形象地指出这些量是随时间连续变化的,是模拟量。

2.通过动作课室的灯开关,灯的亮或灭来说明开关量的效果。

3.直接数字控制器安装在现场进行直接控制。到实训楼楼控实训室进行参观,落实直接数字控制器是安装在现场的,实现的控制功能不需要中间环节。

◆**问题**

1.什么是直接数字控制? 什么是直接数字控制器?

2.直接数字控制器有几个通道? 通道是与现场被控设备连接还是与计算机连接?

3.什么是模拟量、数字量? 输入与输出是相对什么设备所指?

任务二　霍尼韦尔 DDC

◆**目标**

1.熟悉 Excel 50 控制器面板结构及操作、I/O 端口功能。

2.掌握 Excel 50 DDC 面板按钮的功能。

3.掌握 Excel 50 DDC 的 I/O 端口连接设备的区别。

4.了解 Excel 500/600 控制器。

5.了解霍尼韦尔 DDC 常用组态软件。

◆**相关知识**

目前,在我国智能建筑中用得较多的楼宇智能控制器产品中,有霍尼韦尔、西门子、江森、海湾等品牌。本书以霍尼韦尔品牌 DDC 的硬件、相应软件及具体使用进行讲解。

Honeywell 控制器有 Excel 50，Excel 80，Excel 100，Excel 500 和 Excel 800 等。

一、Excel 50 控制器

Excel 50 控制器可用于两种情况：一是用于内部程序，预先设置的应用程序存储在应用模块内存中，可通过人机操作界面或其他外部设备输入指定码进行选择；二是用于用 CARE 软件建立和下载到控制器的应用程序。Excel 50 前面板如图 2-4 所示。

图 2-4　Excel 50 DDC 前面板

Excel 50 控制器有两种型号：一种带人工操作界面，外形如图 2-4 所示；另一种不带人工操作界面。

1. Excel 50 概况

主机型号：XL50-MMI 或者 XL-50（无用户界面）。

程序应用模块：XD50-FC（C-Bus），XD50-FL（Lon-Works），XD50-FCL（C-Bus & Lon-Works）。

端子组件：XS50。

I/O 端口特性：I/O 端口特性见表 2-1。

表 2-1　I/O 端口特性

类　　型	特　　　性
8 个通用模拟输入	电压：0 ~ 10 V，电流 0 ~ 20 mA（需外接 499 Ω 电阻） 电阻：0 ~ 10 bit 传感器：NTC 20 kΩ 电阻 -58 ~ 302 °F（-50 ~ 150 ℃）
4 个数字输入	电压：最大 24 V DC（小于 2.5 V 为逻辑状态 0，大于 5 V 为逻辑状态 1）
4 个通用模拟输出	电压：0 ~ 10 V，最大 11 V，±1 mA 电阻：8 bit 继电器：通过 MCE3 或 MCD3 控制
6 个数字输出	电压：每个可控硅输出 24 V AC 电流：最大 0.8 A，6 个输出一共不能超过 2.4 A

2. Excel 50 面板操作

1）面板

操作面板、键盘和显示合并为一体，有 8 个基本功能键和 4 个快捷键，如图 2-5 所示。

2）功能

（1）基本功能键的功能

ⓒ取消或退出上一级菜单；▲光标上移；▼光

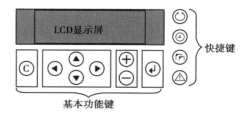

图 2-5　Excel 50 面板按钮

标下移；◀光标右移；▶光标左移；➕增加数值，每按一次增加 1；➖减小数值，每按一次减小 1；↵回车确定键。

（2）快捷键功能

⊙显示当前 Plant 状态;◎进入时间程序,输入密码可修改时间程序的设置;⌂进入屏幕,输入密码可显示数据点和参数;△显示报警信息。

（3）操作

复位:同时按下▼及━可进行复位,复位后在 DDC 中的 RAM 数据和配置码会全部丢失。

密码程序:⊙和△程序是不需要密码的,而⌂和◎需要密码。

当输入优先级别 3 的密码后,就可以修改优先级别 3 和优先级别 2 的密码,将光标移到 CHANGE 处确认后即可修改。注意:优先级别 2 的默认密码是 2222,优先级别 3 的默认密码是 3333。

3. Excel 50 端口

（1）Excel DDC 50 控制器端口

Excel DDC 50 有两种应用模块,XD50-FCS 和 XD50-FCL,螺纹连接的 XD50-FCS 模块的指示灯和 C-Bus 端口如图 2-6 所示,指示灯从上至下分别是电源灯(绿色)、METER Bus TxD(黄色)、C-Bus TxD(黄色)、C-Bus RxD(黄色)和 METER Bus RxD(黄色);中间有一个 C-Bus 终端开关;下面有一个 C-Bus 端口。

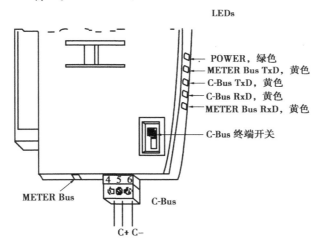

图 2-6　Excel 50-FCS 模块的指示灯和 C-Bus 端口

（2）Excel 50 的 I/O 端子口

Excel 50 的 I/O 端子口如图 2-7 所示,图 2-7(a)所示为 1～14 端口,图 2-7(b)为 15～48 端口。

①DO 点,连接方式最简单,直接连接 3-4(DO1),5-6(DO2),7-8(DO3),9-10(DO4),11-12(DO5),13-14(DO6)即可。

②AO 点,如果不需要外加电源的话,可直接连接 15-16 或 15-1(AO1),17-18 或 17-1(AO2),19-20 或 19-1(AO3),21-22 或 21-1(AO4);如果需要外加电源的话,则应该按以下方法连接:15-2(AO1),17-2(AO2),19-2(AO3),21-2(AO4)。

③DI 点分无源和有源触点。

● 无源触点,连接 23-32(DI1)～29-32(DI4)。

● 有源触点,则应连接 23-24(DI1),25-26(DI2),27-28(DI3),29-30(DI4)。

④AI 点,有 4 种连接方式。

● 无源传感器(如 NTC)AI,连接 33-34(AI1),35-36(AI2),37-38(AI3),39-40(AI4),41-42(AI5),43-44(AI6),45-46(AI7),47-48(AI8)。

● 有源传感器,则连接 33-1(AI1)~47-1(AI8)。

● 需要外加电源的有源传感器,连接 33-2(AI1)~47-2(AI8)。

● 当 AI 点用作 DI 点时,连接 33-31(AI1)~47-31(AI8)。

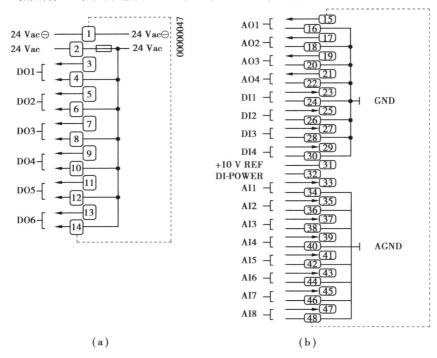

图 2-7 Excel 50 的 I/O 端子口

二、Excel 500/600 控制器

1. 概况

Excel 500/600 控制器属于模块化控制器,可根据建筑管理需要自由设计监控系统,适用于如学校、酒店、写字楼等中等建筑物。Excel 500/600 不仅可以监控加热、通风、空调等系统,还可以实现能源管理,包含优化启停、晚间净化以及最大负载要求等,其外形如图 2-8 所示。

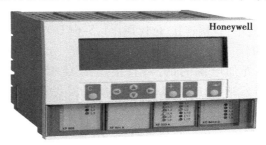

图 2-8 Excel 500 控制器

2. 特性

（1）通信方式

①开放式的 Lon-Works 总线和 C-Bus 总线。

②采用调制解调器或 ISDN 终端适配器可通过 TCP/IP 网络拨号上网。

③分布式 I/O 模块可通过 Excel 500 控制器 C-Bus 网络或 Lon-Works 网络操作。

（2）控制器容量

①Excel 500 系统可通过 Honeywell C-Bus 网络或 Lon-Works 网络提供能量管理和控制功能，监控功能可通过可编程的 16 位微处理器数字技术实现。

②Excel 500-XCL5010 控制器用于分布式 I/O 模块，采用 Lon-Works 总线通信。

③Excel 500 系统可自由编程，既可用作单机控制器，也可用作网络的一部分，通过 C-Bus 可连接最多 30 个控制器，还可作为开放式 Lon-Works 网络的一部分。

（3）模块和点数容量

①在 C-Bus 网络中，每个 Excel 500/600 控制器系统可控制最多 16 个分布式 I/O 模块。

②对于 XC5010C，包括内部模块和分布式模块，总共可支持 16 个模块。

③对于 XCL5010，只能支持分布式模块，最多 5 个 housings，每个 housings 可放置 4 个模块，要求第一个模块必须是电源模块，第四个模块必须是 CPU 模块，最多可扩展 16 个 I/O 模块，但相同类型的模块不能大于 10 个，且最多 128 个物理点、256 个伪点。

（4）其他特性

①Excel 500 应用程序可通过 CARE 编程并下载到 Flash EPROM 中。

②采用金制电容器缓冲内存，断电后可维持大约 72 h。

③外部 MMI，调制解调器、ISDN 适配器、GSM 适配器或 TCP/IP 调制解调器均可通过控制器串行口连接。

④通信模块可提供 C-Bus 和 Lon-Works 总线连接，用 LED 指示控制器操作状态、发送状态和接收状态。

⑤每个模块上有一个电源灯 L1 和一个服务灯 L2，L2 指示总线节点的当前状态。

⑥ON 指示没有载入应用程序，BLINKING 表示载入了应用程序但没有配置，OFF 表示载入了应用程序并已经配置。

3. 内部模块

（1）介绍

①Excel 500/600 内部模块由 XC5010C（Excel 500）或 XC6010（Excel 600）CPU 模块、电源模块 XP501 或 XP502 及输入输出模块组成。

②XF521，522，523 和 524 模块是数字和模拟 I/O 模块，是 Excel 5000 系统的一部分，这些模块可以将传感器输入进行转换，也可以提供适于执行器的输出信号。

③输出模块 XF522A，XF524A 和 XF525A 的一个重要功能特性是具有完整的人控功能，可通过模块直接控制设备和执行器，而输出模块 XF527 和 XF529 则没有手控开关，是通过变量控制。输入输出状态都通过 LED 指示，具体模块功能见表 2-2。

表 2-2　Excel 500/600 模块功能

模　块	描　述
XC5010C	Excel 500 计算机模块（对分布式 I/O 是必需的）
XC5210C	Excel 500 大型 RAM
XC6010	Excel 600 计算机模块
XP501/502	电源模块
XD505A/508	C-Bus 通信子模块
XDM506	通信子模块的调制解调器
XF521A/526	模拟输入模块
XF522A/527	模拟输出模块
XF523A	数字输入模块
XF524A/529	数字输出模块
XF525A	三状态输出模块

（2）模块特性

各模块的特性见表 2-3。

表 2-3　模块特性

模块名称	模块特性	模块图示
计算机模块 XC5010C/ XC5210C	①东芝 TMP93CS41F 16 位微处理器 ②共 1.28 MiB 存储器，其中 2×512 KB Flash EPROM 和 2×128 KB RAM ③6 个操作状态指示灯 ④对 MMI 采用 RS-232 端口用调制解调器或 ISDN 终端适配器通信 ⑤对 C-Bus 采用 RS-485 通信 ⑥数据缓冲器采用金制电容器 ⑦具有看门狗功能 ⑧采用 3120 神经元芯片 ⑨有 Lon-Works 服务按钮和 LED	
计算机模块 XC6010	①Intel® i960 32 位微处理器 ②总容量 1.536 MB，其中 2×512 KB EPROM，4×128 KB RAM，1×256 KB Flash EPROM ③6 个操作状态 LED ④对操作界面采用 RS-232 端口连接 ⑤对 C-Bus 采用 RS 端口 ⑥缓冲电池可保存 30 d ⑦有复位按钮 ⑧具有看门狗功能	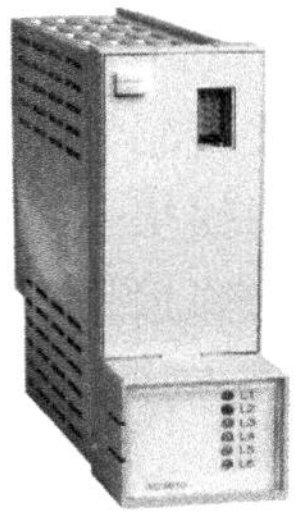

续表

模块名称	模块特性	模块图示
电源模块 XP501/502	①通过内部总线给模块提供电压 ②可连接 UPS ③有 3 个操作状态 LED ④具有看门狗功能	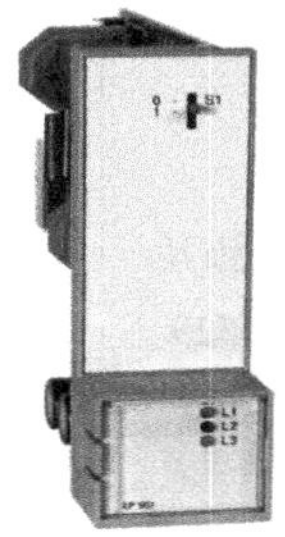
模拟输入模块 XF521A/526	①8 个模拟输入（AI1～AI8），有下面几种输入形式:0～10 V DC,0～20 mA（通过外界 500 Ω 电阻获得）,4～20 mA（通过外界 500 Ω 电阻获得）,NTC 20 kΩ 和 PT 1000（-50～+150 ℃）。对于 XF526,只有下面几种输入形式:PT 1000（0～+400 ℃）,PT 3000,PT 100,Balco 500 ②保护输入高达 DC 40 V/AC 24 V ③12 位分辨率 ④CPU 轮流检测时间:XC5010C:1 s,XC6010:250 ms	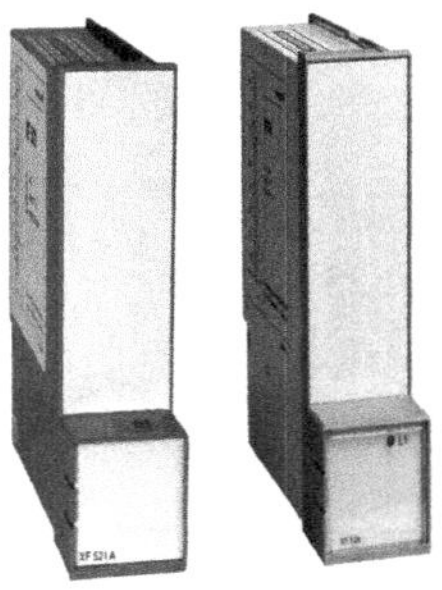
模拟输出模块 XF522A/527	①8 个模拟输出（AO1-AO8）,有短路保护 ②信号级别为 DC 0～10 V,最大电压 DC 11 V,最大电流+1 mA,-1 mA ③保护输出电压高达 DC 40 V/AC 24 V ④8 位分辨率 ⑤零点小于 200 mV ⑥输出电压精度小于±150 mV ⑦每个通道有一个指示灯,光强度与输出电压值成正比 ⑧CPU 控制更新时间:XC5010C:1 s,XC6010:250 ms	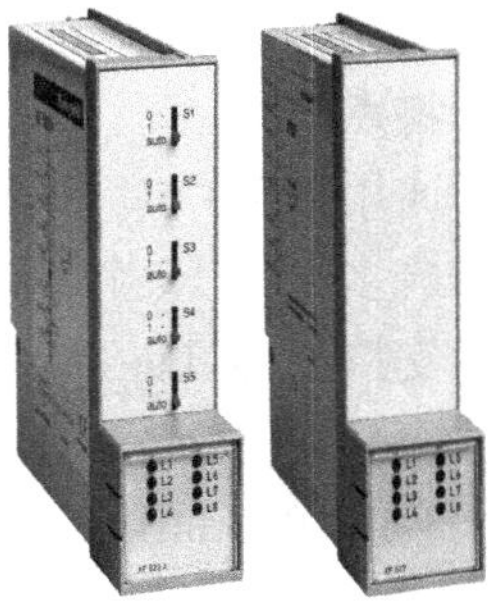
数字输入模块 XF523A	①12 个数字输入（DI1～DI12） ②开关条件:$U_i \leqslant 2.5$ V 为 OFF,$U_i \geqslant 5$ V 为 ON ③每个通道有一个状态 LED,常开常闭可设置 ④有 18 V DC 辅助电压源 ⑤CPU 轮流检测时间:XC5010C:1 s,XC6010:250 ms	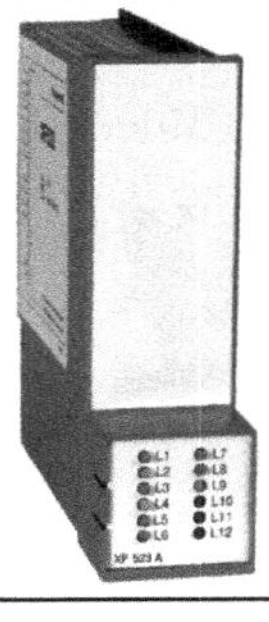

续表

模块名称	模块特性	模块图示
数字输出模块 XF524A/529	①5 个独立的可变触点和一个常开触点；对 XF524A，只有 5 个手动控制开关 ②每点输出的最大电压为 240 V AC ③每点输出的最大电流为 4 A，但每个模块最大总电流为 12 A ④每个通道有 ON(黄色)/OFF 指示灯 ⑤CPU 周期时间：XC5010C：1 s，XC6010：250 ms	
三状态输出模块 XF525A	①3 个三状态继电器 ②最大负载：AC 24 V 时 1.2 A，AC 240 V 时 0.2 A ③每个通道有两个 LED，绿色表示伺服电机关闭，红色表示伺服电机打开	

三、Excel 800 控制器(CPU+I/O 块)

Excel 800 控制器外形如图 2-9 所示。

1. 特点

①通用于 HVAC 各种设备的控制以及区域管理。

②最多支持 16 个 Panel I/O 模块，最大 381 个数据点，无点类型限制。

③支持通过 Lon-Works 网络扩展 I/O，Lon I /O，Smart I/O，最多 512 个网络变量可供使用。

④2 MB 的 Flash ROM，512 KB 的 RAM(192 KB 应用程序)，可实现庞大而复杂的应用程序和快速的运行速度。

⑤可通过接口升级固件，升级速度快(1~5 min)。

⑥兼容 XL500 应用程序。

⑦支持 Mdem，B-Port，C-Bus，LON。

⑧导轨安装。

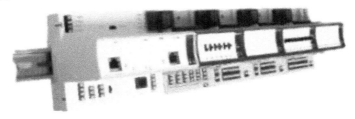

图 2-9　Excel 800 控制器

2. Excel 800 控制器 I/O 特性

I/O 特性见表 2-4。

表 2-4 Excel 800 控制器 I/O 特性

类 型	型 号	通信方式	通 道	信号类型	辅助电压输出	超越开关	LED
模拟输入	XF821A	Panel-Bus	8	DC 0 ~ 10 V,4 ~ 20 mA, NTC 20 kΩ, PT1000,PT3000	DC 10 V	无	无
	XFL821A	LON-Bus					
模拟输出	XF822A	Panel-Bus	8	DC 0 ~ 10 V	无	无	有
	XFR822A					有	
	XFL822A	LON-Bus				无	
	XFLR822A					有	
开关输出	XF823A	Panel-Bus	12	干触点 最大 20 Hz 的累积脉冲	无	无	有
	XFL823A	LON-Bus					
	XF824A	Panel-Bus	6	SPDT 继电器开关 AC 230 V DC 24 V	无	无	无
	XFR824A					有	
	XFL824A	Panel-Bus				无	
	XFLR824A					有	
浮点输出	XFR825A	Panel-Bus	3	两个 SPDT 继电器开关 AC 230 V DC 24 V	无	有	有

3. 模块

Excel 800 控制器与 Excel 500 控制器在模块的配置方面没有太大的变化。针对模拟量输入模块来讲,有 8 个模拟输入(AI1 ~ AI8),有下面几种输入形式:DC 0 ~ 10 V,0 ~ 20 mA,NTC 20 kΩ 和 PT1000(−50 ~ 150 ℃)等。主要的区别在于它的可扩展性和安装方式的改变。

四、Excel 5000 系统软件工具

1. CARE 软件介绍

CARE (Computer Aided Regulation Engineering)是一种提供了图形化的工作来建立可供下载到 Excel 5000 系列控制器程序的软件。同时 CARE 可作为一个能够管理所有符合 Lon-Mark 标准设备的 LON 工程工具来使用。

(1)功能

①为 Excel 5000 系列控制器建立 DDC 程序。

②下载控制器程序到 Excel 5000 系统控制器。

③模拟及实时测试控制器的运行。

④配置和授权 LON 网络的设备。

⑤可以作为一个 LON 网络的管理工具。

⑥建立工作文档。

（2）支持的控制器和设备 Support Devices

①Excel 10/50/100/500/800。

②Excel Smart Controller。

③Excel Web Controller。

④Smart I/O Modules。

⑤Distributed I/O Modules。

⑥Excel Link Controller。

⑦OLink/OPS Controller。

⑧Excel IRC。

⑨Excel Elink。

⑩M7410G 具有 LON 接口的线性阀执行器。

⑪第三方 LON 设备。

⑫第三方 BACnet 设备。

2. SymmetrE 介绍

（1）定义

①SymmetrE 是一个集成中央管理平台，具有自由扩展性、高度可配置性和开放性。

②SymmetrE 提供了一种有效而又可靠的控制和管理方法，能够确保用户的舒适度及楼宇和设备的高效运行。

（2）功能

①SymmetrE 将开放式系统标准与 Internet 和内部网应用整合在一起。这就使用户能够选择最佳的楼宇现场解决方案，并能够将信息无缝集成到 SymmetrE 中以供进一步处理、生成报告及分发。

②SymmetrE 提供了一个高级的 Web 式操作界面，操作人员、主管和经理等人员通过该界面可轻松地监视和控制分布在一个或多个地点的楼宇。

◆任务实施过程

1. 去实训室认识实物 Excel 50，认识其面板结构及演示面板上的功能键及快捷键的操作。

2. 演示操作：Excel 50 与被控设备的接线，体现出 AO，AI，DO，DI 的区别。

◆问题

1. 若将热敏电阻温度作为 Excel 50 控制器的输入，应连接 I/O 中哪种端口？

2. 如何查询当前项目的时间程序？

3. 若将开关作为 Excel 50 控制器的输入应如何连接？用 Excel 50 控制继电器线圈是否得电，应如何连接？

实训任务 Excel DDC 50 面板操作

实训报告：

班级		小组成员	
课程名称	楼宇设备监控及组态		
项目名称	XL50 DDC 端口及面板认识、操作	学时	4
实训目的	1. 认识 XL50 DDC 硬件,了解它的外部结构 2. 认识 XL50 DDC 各种变量的接口	实训材料及 设备、工具	XL50、计算机、导线
实训内容及 效果要求	1. 认识 XL50 硬件,并画出 XL50 的外部面板 2. 对 XL50 进行通电,能对面板按钮进行正确操作 3. 认识 XL50 的 I/O 接口,并画出 XL50 的 I/O 接口图,写出具体的接口端号		
安全及 5S 要求	1. 学生不能穿背心、拖鞋等进入实训室 2. 电源开关及空调等由老师或老师指定的同学进行操作 3. 课时结束后,每个小组要整理好自己的实训台、所有导线按颜色进行分类整理 4. 安排值日小组进行实训室全面清洁及规整摆放凳子、台椅等 5. 由科代表进行全面检查 6. 老师负责所有电源的关闭及门、窗的关闭 7. XL50 需要交流 24 V 供电,模板是 DC 12 V,这点要重点强调		
人员分工			
实训要点 (包括步 骤、接 线图、 表格、 程序等)			
实训总结			
教师评语			

本章小结

1. 直接数字数控器的认识、原理、I/O 端口。
2. I/O 量：AI,DI,AO,DO。
3. 霍尼韦尔 DDC 的认识,各型号的特点掌握。
4. 了解霍尼韦尔 DDC 的组态两类组态软件。

项目三

BAS **组态软件**

组态软件,又称组态监控软件。译自英文 SCADA,即 Supervisory Control and Data Acquisition(数据采集与监视控制),它是指一些数据采集与过程控制的专用软件。

组态软件在国内是一个约定俗成的概念,并没有明确的定义,它可以理解为"组态式监控软件"。"组态(Configure)"的含义是"配置""设定""设置"等意思,是指用户通过类似"搭积木"的简单方式来完成自己所需要的软件功能,而不需要编写计算机程序,也就是所谓的"组态"。它有时候也称为"二次开发",组态软件就称为"二次开发平台"。"监控(Supervisory Control)",即"监视和控制",是指通过计算机信号对自动化设备或过程进行监视、控制和管理。

任务一 国际及国内常用组态软件

◆**目标**

1. 理解组态软件的内涵,能区别组态软件与常用办公软件的区别。

2. 了解国内外的各款组态软件,及各款组态软件的应用领域。

◆**相关知识**

一、国外组态软件

①InTouch:Wonderware(万维公司) 是 Invensys plc "生产管理"部的一个运营单位,是全球工业自动化软件的领先供应商。

Wonderware 的 InTouch 软件是最早进入中国的组态软件。在 20 世纪 80 年代末 90 年代初,基于 Windows 3.1 的 InTouch 软件曾让我们耳目一新,并且 InTouch 提供了丰富的图库。但是,早期的 InTouch 软件采用 DDE 方式与驱动程序通信,性能较差,最新的 InTouch 7.0 版已经完全基于 32 位的 Windows 平台,并且提供了 OPC 支持。

②IFix:GE Fanuc 智能设备公司由美国通用电气公司(GE)和日本 Fanuc 公司合资组建,提供自动化硬件和软件解决方案,帮助用户降低成本,提高效率并增强其盈利能力。

Intellution 公司以 Fix 组态软件起家,1995 年被爱默生收购,现在是爱默生集团的全资子公司,Fix 6. x 软件提供工控人员熟悉的概念和操作界面,并提供完备的驱动程序(需单独购买)。20 世纪 90 年代末,Intellution 公司重新开发内核,并将重新开发新的产品系列命名为 iFix。在 iFix 中,Intellution 提供了强大的组态功能,将 Fix 原有的 Script 语言改为 VBA(Visual Basic for Application),并且在内部集成了微软的 VBA 开发环境。为了解决兼容问题,iFix 里面提供了程序叫 Fix Desktop,可以直接在 Fix Desktop 中运行 Fix 程序。Intellution 的产品与 Microsoft 的操作系统、网络进行了紧密的集成。Intellution 也是 OPC(OLE for Process Control)组织的发起成员之一。iFix 的 OPC 组件和驱动程序同样需要单独购买。

2002 年,GE Fanuc 公司又从爱默生集团手中,将 Intellution 公司收购。

2009 年 12 月 11 日,通用电气公司(纽约证券交易所:GE)和 FANUC 公司宣布,两家公司完成了 GE Fanuc 自动化公司合资公司的解散协议。根据该协议,合资公司业务将按照其起初来源和比例各自归还给其母公司,该协议还使股东双方得以将重点放在其各自现有业务,谋求在其各自专长的核心业内的发展。目前,iFix 等原 Intellution 公司产品均归 GE 智能平台(GE-IP)。

③Citech:悉雅特集团(Citect)是世界领先的提供工业自动化系统、设施自动化系统、实时智能信息和新一代 MES 的独立供应商。

CiT 公司的 Citech 也是较早进入中国市场的产品。Citech 具有简洁的操作方式,但其操作方式更多地是面向程序员,而不是工控用户。Citech 提供了类似 C 语言的脚本语言进行二次开发,但与 iFix 不同的是,Citech 的脚本语言并非是面向对象的,而是类似于 C 语言,这无疑为用户进行二次开发增加了难度。

④WinCC:西门子自动化与驱动集团(A&D)是西门子股份公司中最大的集团之一,是西门子工业领域的重要组成部分。

Siemens 的 WinCC 也是一套完备的组态开发环境,Simens 提供类 C 语言的脚本,包括一个调试环境。WinCC 内嵌 OPC 支持,并可对分布式系统进行组态。但 WinCC 的结构较复杂,用户最好经过 Siemens 的培训以掌握 WinCC 的应用。

⑤InfoPlus. 21:艾斯苯公司(AspenTechnology, Inc.)是一个为过程工业(包括化工、石化、炼油、造纸、电力、制药、半导体、日用化工、食品饮料等工业)提供企业优化软件及服务的领先供应商。

⑥Movicon:是意大利自动化软件供应商 PROGEA 公司开发的。该公司自 1990 年开始开发基于 Windows 平台的自动化监控软件,可在同一开发平台完成不同运行环境的需要。特色之处在于完全基于 XML,又集成了 VBA 兼容的脚本语言及类似 STEP-7 指令表的软逻辑功能。

⑦GENESIS 64:美国著名独立组态软件供应商,创立于 1986 年。在 HMI/SCADA 产品和管理可视化开发领域一直处于世界领先水平,ICONICS 同时也是微软的金牌合作伙伴,其产品是建立在开放的工业标准之上的。2007 年推出了业内首款集传统 SCADA,3D,GIS 于一体的组态软件 GENESIS 64。

GENESIS 64 作为基于. NET 64bit 平台全新设计的产品,为客户提供一个 360°三维操作视景。

⑧Honeywell Excel CARE 组态软件:在 Honeywell Excel 自 1994 年推出后,在国内楼宇控制系统中得到了广泛应用。

二、国内品牌

①紫金桥 Realinfo：由紫金桥软件技术有限公司开发，该公司是由中石油大庆石化总厂出资成立的。

②Hmibuilder：由纵横科技（HMITECH）开发，实用性强，性价比高，市场主要搭配 HMITECH 硬件使用。

③世纪星：由北京世纪长秋科技有限公司开发，产品自 1999 年开始销售。

④三维力控：由北京三维力控科技有限公司开发，核心软件产品初创于 1992 年。

⑤组态王 KingView：由北京亚控科技发展有限公司开发，该公司成立于 1997 年。1991 年开始创业，1995 年推出组态王 1.0 版本，在市场上广泛推广 KingView 6.53，KingView 6.55 版本，每年销量在 10 000 套以上，在国产软件市场中市场占有率第一。

⑥MCGS：由北京昆仑通态自动化软件科技有限公司开发，分为通用版、嵌入版和网络版，其中嵌入版和网络版是在通用版的基础上开发出来的，在市场上主要是搭配硬件销售。

⑦态神：态神是由南京新迪生软件技术有限公司开发，核心软件产品初创于 2005 年，是首款 3D 组态软件。

⑧uScada 免费组态软件：uScada 是国内著名的免费组态软件，是专门为中小自动化企业提供的监控软件方案。uScada 包括常用的组态软件功能，如画面组态、动画效果、通信组态、设备组态、变量组态、实时报警、控制、历史报表、历史曲线、实时曲线、棒图、历史事件查询、脚本控制、网络等功能，可以满足一般的小型自动化监控系统的要求。软件的特点是小巧、高效、使用简单。uScada 也向第三方提供软件源代码进行二次开发，但是源码需收费。

⑨Controx（华富开物）：由北京华富远科技有限公司开发，软件版本分为通用版、嵌入版（CE）、网络版、分布式版本。

⑩E-Form++组态源码解决方案：该解决方案提供了全部 100% 超过 50 万行 Visual C++/MFC 源代码，可节省大量的开发时间。

⑪iCentroView：由上海宝信软件股份有限公司开发。平台支持：权限管理、冗余管理、集中配置、预案联动、多媒体集成、主流通信、协议通信、GIS 等，并拥有自身研发的实时数据库，为数据挖掘与利用提供必要条件。能够实现对底层设备的实时在线监测与控制（设备启停、参数调整等）、故障报警、事件查询、统计分析等功能。

⑫QTouch：由著名的 QT 类库开发而成，完全具有跨平台和统一工作平台特性，可以跨越多个操作系统，如 Unix，Linux，Windows 等，同时在多个操作上实现统一工作平台，即可以在 Windows 上开发组态，在 Linux 上运行等。QTouch 是 HMI/SCADA 组态软件，提供嵌入式 Linux 平台的人机界面产品。

⑬易控：易控组态软件由九思易公司开发。

◆**任务实施**

1. 通过网络或其他媒体了解国内外的组态软件的应用领域。

2. 在安全保证前提下，学生前往电脑城寻访本地相关行业组态软件的应用情况。

◆**问题**

1. 什么是组态软件？

2. 列举 3 款国内外组态软件。

3. 把寻访结果记录下来。

任务二　霍尼韦尔楼宇控制组态软件 CARE

◆ **目标**

1. 熟悉 CARE 的编程环境。

2. 熟悉建立程序的基本步骤，能创建工程、控制器、设备、变量。

3. 对创建的程序及变量能进行属性设置。

4. 能绘制简单的原理图。

5. 对控制策略、开关逻辑及时间程序的功能理解，并能编制相应的程序。

6. 根据程序，把 DDC 的 I/O 端口与现场设备进行连接，对程序进行在线或仿真测试。

◆ **相关知识**

一、CARE 软件简介

CARE 软件提供图形化的编程工具来建立数据文件和编写应用控制程序，适用于所有 Excel 系列控制器的应用程序的编写。它主要包括以下内容：

① Schematics 控制图表。

② Control strategies 控制策略。

③ Switching logic 逻辑表。

④ Point descriptors and attributes 数据点的描述和特性。

⑤ Time programs 时间程序。

⑥ Job documentation 文件。

CARE 软件是基于 Microsoft Windows 开发的应用软件。

二、支持的控制器和装置

① Excel 10/50/80/100/500/600。

② Excel Smart 控制器。

③ Smart I/O 模块。

④ 分布式 I/O 模块。

⑤ OPS 控制器。

⑥ Excel IRC。

⑦ Excel Elink 可兼容 LON 协议和其他霍尼韦尔的 LON 装置的线性阀门执行器 M7410G。

⑧ 第三方的 LON 装置。

三、CARE 的基本概念

① Plant：CARE 控制功能的实现是基于"Plants"的概念。一个 Plant 是指一个可以控制的机械系统。例如，一个 Plant 可以是一空调机组，一台热水锅炉，一个热力站等。

Ecexl 50，Excel 80，Excel 100，Excel 500，Excel 600 和 Excel Smart 控制根据控制器存储容

量及点数的多少可以包含一个或多个 Plant。

②Projects：建立一个 Plant 的第一步是定义一个 Project。一个 Project 最多可以包括 30 个控制器 Controller。

③CARE Functions：CARE 提供 4 种主要的编程功能，并将所编程序下装到控制器。这 4 种功能是原理图 Plant Schematics、控制策略 Control Strategy、开关逻辑 Switching Logic 和时间程序 Time Program。

④Plant Schematics：对于每一个 Plant 你可以建立控制图表，它是许多 Segment 图素的集合体。通过控制图表显示 Plant 中的设备及如何布置，如图 3-1 所示。

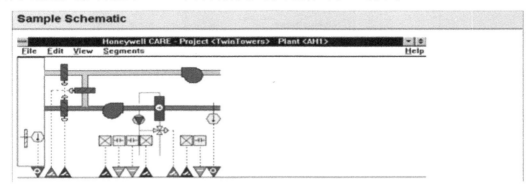

图 3-1　Plant Schematics 图

⑤控制策略 Control Strategy：在建立完 Schematics 后，你需要为所控制的 Plant 建立一个控制策略 Control Strategy。在控制策略里根据控制原理定义控制回路（Loop），数学计算等。CARE 提供了标准控制算法，如 PID、最大值、最小值、平均值等。

⑥开关逻辑 Switching Logic：对于开关量的控制，CARE 提供了逻辑 Switching Logic 的控制方式。在逻辑表中建立起 OR，AND 和 XOR 的逻辑关系。例如对定速循环泵、补水泵及某些开关式的电动阀的控制。

⑦时间程序 Time Program：编写时间程序 Time Program 来控制某些设备的定时启停。

四、CARE 运行界面

启动 CARE 后，创建工程时，你可以看到 3 个分区的 CARE 界面，如图 3-2 所示。

1. CARE 主窗口描述

（1）CARE 窗口的组成部分以及菜单栏功能

标题栏：Excel CARE 的标题可根据不同选择变为 Project，Plant 或 Controller 名字。

菜单栏：当启动 CARE 数据库时，只有 Project 和 Help 菜单。在典型的窗口应用中，当执行各自的动作后可获得其他菜单。

按钮栏：按钮提供了快速进入不同 CARE 功能的途径。

中间区域：中间区域是操作者工作区域。当选择 Project，Plant 和 Controller 时，相应的窗口将出现在此区域。"对话框"也在此区域显示，为操作者提供信息或进行信息提示。

状态栏：状态栏有 4 个区域用于显示与当前菜单项、Project 名、Controller 名、Plant 名有关的活动或描述信息。

图 3-2 创建工程界面

开多个窗口:选择多个 Project, Plant 或 Controller 时,多个窗口将打开。这些窗口均出现在屏幕中间。

灰色菜单项:下拉菜单项中不能使用的项为灰色。例如,已选择的 Plant 还没有绘制原理图,则控制策略和开关逻辑项为灰色,即非活动的。在设计控制策略或开关逻辑之前必须绘制原理图。

(2)菜单

Database 菜单项:Database 菜单项提供 CARE 数据库控制功能。

●Select:从数据库中的 Project, Plant, Controller 中选择对象。

●Delete:从数据库中的 Project, Plant, Controller 中删除对象。

●Print:打印 Plant 报告,包括 Project 信息、Plant-Controller 分配、原理图、控制回路、开关表和终端。

●Import:提供两个下拉项(Controller 和 Element Library),复制 Controller 和 Element 文件到 CARE 数据库。

●Export:提供两个下拉项(Graphic 和 Element Library),Graphic 的功能是建立原理图、控制策略和开关逻辑表的 Windows 后续文件。Element Library 的功能是建立一个在其他 CARE PC 中随元件库输出的元件文件。

●Backup,Restore:备份、恢复 CARE 数据库。

●Default Editor:为一特定区域编制默认值。修改文件建立完后可将其用于 CARE PC 建立的任何 Project 中。

Project 菜单项:Project 菜单项提供单个 Project 的控制功能。

- New:定义一个新的 Project。
- Rename:更改 Project 名。
- Rename User Addresses:更改用户地址。
- Check User Addresses:检测用户地址及控制器名是否唯一。
- Information:显示 Project 信息对话框,包含参考号、客户名、序列号。可利用对话框修改 Project 信息。
- Backup,Restore:备份、恢复所选 Project。

Controller 菜单项:Controller 菜单项提供用于单个 Controller 的控制功能。

- New:定义一个新的 Controller。
- Rename:更改 Controller 名。
- Copy:拷贝当前选择的 Controller 来建立一个新的 Controller。
- Information:显示 Controller 信息对话框,包含 Controller 名、序列和类型。
- Summary:显示当前所选 Controller 的摘要对话框。
- Translate:将 Plant 信息编译成适合 Controller 的格式。Plant 编译常在对各种信息编辑完后进行。
- Up/Download:启动上传/下载工具。
- Edit:提供下拉项来修改当前所选 Controller 及与 Controller 相连的 Plant 的数据。Plant 必须与 Controller 相连才能进行文件编辑。
- Tools:提供下拉项选择 CARE 附加工具。

Plant 菜单项:Plant 菜单项提供用于单个 Plant 的控制功能。

- New:定义一个新的 Plant。
- Rename:更改 Plant 名。
- Copy:拷贝当前 Plant 来建立一个新的 Project。
- Replicate:复制 Plant,可以设置复制的次数及文件名。
- Information:显示 Plant 信息对话框,包含 Plant 名、类型、OS 版本号和工程单位。可修改 OS 版本号和工程单位。
- Backup,Restore:备份、恢复所选的 Plant。
- Schematic:显示 Plant 原理图窗口或修改 Plant 原理图。
- Control Strategy:显示控制策略窗口或修改 Plant 控制策略。
- Switching Logic:显示开关逻辑窗口或修改 Plant 开关逻辑。

Windows 菜单项:Windows 菜单项为显示窗口提供标准的窗口控制功能。

- New Window:打开当前已选窗口的副本,副本窗口与原窗口标题一样,只是附加了数字 2。
- Cascade:采用层叠方式在屏幕上显示所有打开的窗口。
- Tile:采用缩小窗口尺寸的方式在屏幕上显示所有打开的窗口。
- Arrange Icons:在窗口下面排列图标,当使 Project,Plant,Controller 窗口最小化时,每个都以图标方式显示。

Help 菜单项:Help 菜单项提供在线帮助功能。

- Index：索引。
- Index Using Help：显示在线帮助文件的第一个屏幕。
- About CARE：显示有关 CARE 管理者对话框，包括软件版本序列、版本号、可获得的内存、是否有数学协处理器、可用硬件空间数量等。

（3）按钮栏

按钮栏图标含义如图 3-3 所示。

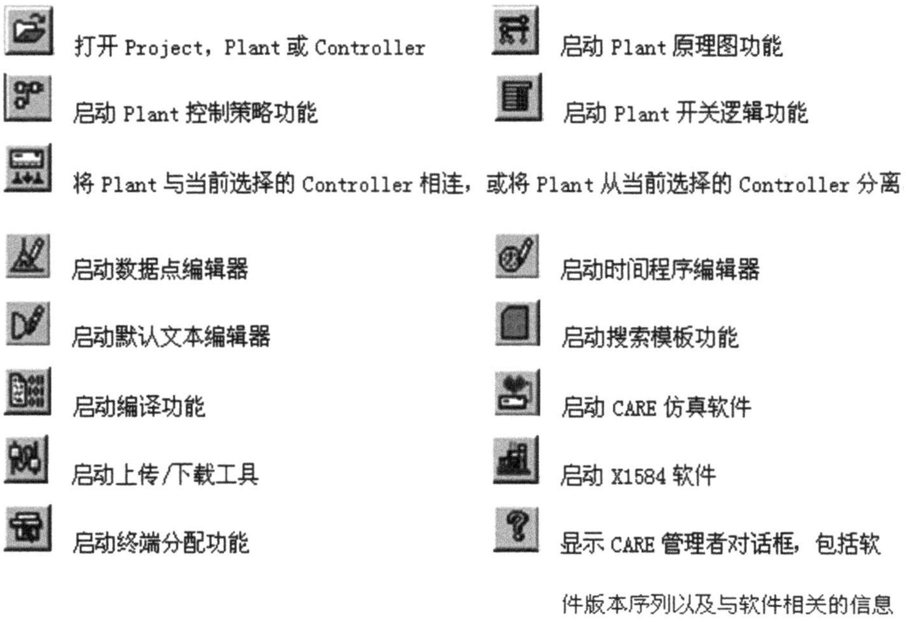

打开 Project，Plant 或 Controller　　　启动 Plant 原理图功能

启动 Plant 控制策略功能　　　启动 Plant 开关逻辑功能

将 Plant 与当前选择的 Controller 相连，或将 Plant 从当前选择的 Controller 分离

启动数据点编辑器　　　启动时间程序编辑器

启动默认文本编辑器　　　启动搜索模板功能

启动编译功能　　　启动 CARE 仿真软件

启动上传/下载工具　　　启动 X1584 软件

启动终端分配功能　　　显示 CARE 管理者对话框，包括软

件版本序列以及与软件相关的信息

图 3-3　图标功能详解

2. 设备分支树

设备树提供一个关于工程逻辑结构的总的轮廓。这有助于管理、组织工程中用到的组件（控制器、设备表、点位），如图 3-4 所示。

设备分支树中图标的含义如下所示：

=工程（最多一个）

= 控制器

=设备表

=点类型

=单个点

3. 网络结构分支树

网络树提供一个关于工程的总线系统和网络结构的总的轮廓，这有助于管理、组织工程中用到的网络组件（C-Bus 控制器、LON 装置、LON 对象等），如图 3-5 所示。

网络树中图标的含义：

=工程

=总线类型

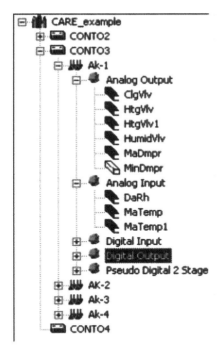

图 3-4　设备分支树　　　　　　　　　图 3-5　网络结构分支树

= LON-channel——LON 通道

= 用户定义的默认的系统或子系统

= LON 设备（使用不同的颜色显示状态）

= LON 对象（使用不同的颜色显示状态）

= 输入网络变量（使用不同的颜色显示状态）

= 输出网络变量（使用不同的颜色显示状态）

= 构造的输入网络变量

= 构造的输出网络变量

= 标准属性配置类型（SCPT）/用户自定义的配置类型（UCPT）

= 控制点之间或网络变量（NV）之间的连接

= 连接控制器

网络树中显示 C-Bus 和 LON-Works 两种基本的总线类型，每个总线都是默认的分级，允许按照建筑物中的网络组件的实际分布来安排结构。

C-Bus 目录下包括一个默认的 C-Bus 1 子目录，再创建子目录时会自动按数字递增生成。C-Bus 子目录显示实际的工程 C-Bus 网络结构，以及包含的控制器。注意：子目录名字可以选备选名也可自由编辑。例如，默认的 C-Bus 1 子目录可以命名为 Area 1 或 Block A。LON-Works 目录显示 LON-Bus 的网络界面。默认的被分成实际部分-Channels（通道）和逻辑部分-Default System 默认系统。

通道目录包括一个默认的 Channel_1 子目录。可以创建其他的通道并可自由编辑。在通道目录下,通道的布局显示出使用的物理媒介如双绞线并列出其下连接到通信线上的所有 LON 设备。Default System(默认系统)体现 LON-Bus 结构,能提供 LON 装置、LON 对象、网络变量等必要功能。

展开与收缩目录树的显示:点击+、-能够展开和收缩显示的目录树的大小。

4. 信息与编辑面板

在设备树和网络树中选择不同的项目会在右边的面板中出现不同的界面。它显示你选择的项目的属性信息。例如,它能显示一个工程的名字、客户、计量单位等信息,它也能显示一个选定的控制器的端子分配情况,如图 3-6 所示。

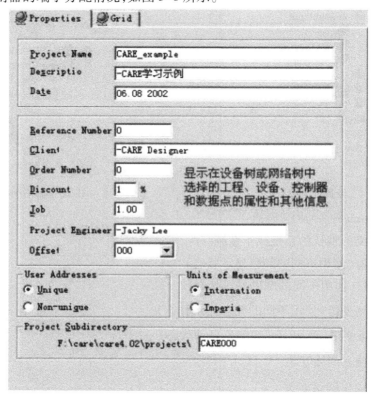

图 3-6 设备树或网络树项目属性

5. 设备树与网络树间的关联

在工程设计过程中,为工作方便,同时操作设备树和网络树是可以的。在设备树中创建一个控制器后,系统将自动在网络树中创建另外 3 个。设备树中一个,C-Bus 目录一个,通道目录一个,默认系统目录一个。这样不管在设备树中还是网络树中双击一个控制器,这个控制器的端子分配表在两个树中都会激活。选中的控制器在两个树中相应位置呈现黄色。

五、设计基本步骤

设计基本步骤如图 3-7 所示。

1. 创建工程

定义工程的名字、密码以及参考码、客户名、订购序号等信息。

步骤:

①单击 CARE 菜单栏中 Project 的下拉菜单 New。结果:出现创建新工程对话框。

②填写必要信息。有些地方是默认的,单击图有相应说明。

③填写完所有信息,单击 OK(按 Enter)关闭对话框。结果:出现编辑工程密码对话框。每个工程都可以有单独的密码(可选)。提示:没有必要一定要设定密码。

④如需要,键入密码。最多20个字符,可以使用数字、字母和特殊符号如逗号等的任意组合。警告:如果你设定了密码,务必记好你的密码。没有密码,任何人都不能打开并编辑这个工程。

⑤在编辑工程密码对话框中单击 OK。结果:工程被创建并出现在设备树和网络树中。在右边面板中,显示工程的属性。

2. 创建控制器

每个控制器就对应一个现场的 DDC 柜子,创建的设备必须放在控制器里才有效。

步骤:

①在设备树中单击选中的工程。

②单击 Controller 下拉菜单 New,或者在设备树中右击,在菜单中选创建控制器。结果:出现新控制器对话框。

③键入控制器名字 Controller Name(在工程中必须是唯一的)。如 CONT02。

④切换到 C-Bus 名字栏(C-Bus Name)。可以选择一个放置工程器的子目录。系统默认创建一个名为"C-Bus 1"的目录。在本例中由于没有创建其他的子目录,选择 C-Bus 1。

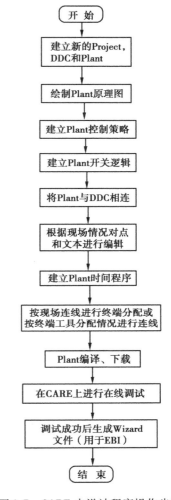

图 3-7　CARE 中设计程序操作步骤

⑤切换到控制器编号(Controller Number)。系统会自动按创建顺序从 1 开始编号,如想修改编号,单击 Change Number,用上下方向键从 1 到 30 选择一个编号(编号在工程中必须是唯一的)。例如,选编号为 1。

⑥切换到控制器类型(Controller Type)。单击下拉菜单选择合适的控制器类型(Excel 100,Excel 80,Excel 50,Excel 500,Excel 600,Excel Smart,ELink)。

⑦切换到控制器系统版本 Controller OS Version(运行在控制器中的操作系统版本)。保留当前版本或者单击下拉菜单选择相应的版本。

⑧切换到国家代码(Country Code)。选择一个国家代码,中国选择 PR China。

⑨切换到默认文件设置(Default File Set)。根据所选的控制器操作系统版本选择合适的缺省文件。选中的缺省文件会有一个简短的描述。

⑩切换到计量单位(Units of Measurement)。选择使用国际标准单位(公制)或者国家标准单位。

⑪切换到供电电源(Power Supply)。选择合适的电源模块类型。供电电源只适用于 Excel 500 和 Excel 600 控制器。

⑫切换到安装类型(Installation Type)。默认选择是一般安装(Normal Installation)。如果控制器有高密度的数字输入,选择方格式安装(Cabinet Door Installation)。安装类型只适用于 Excel 500 和 Excel 600 控制器。

⑬切换到电线类型(Wiring Type)。选择合适的类型(螺旋线接头或扁平电缆线)。电线类型选择只适用于 Excel 50 控制器。

⑭切换到 LON(只适用于 Excel 500 OS 版本 2.04 的控制器)。选择合适的配置。共享/开放式 LON I/O(Shared/Open LON I/O)在一条 LON-Bus 上或者开放式 LON 装置集成的总线上可以连接多个具有分布式 I/O 模块的控制器。提示:这种配置下,控制器必须包含 3120E5 LON 芯片。在共享配置下,分布式 I/O 模提示:控制器包含 3120E5 LON 芯片或者包含 3120B1 LON 芯片的更早的控制器时,使用这种配置。在本地配置下,以下的分布式 I/O 模块可以使用 XFL521,XFL522,XFL52,XFL524A。

⑮单击 OK。结果:一个新的控制器被创建,如图 3-8 所示。控制器在以下 4 个地方出现:

- 设备树一个。
- C-Bus 目录下一个。
- 通道目录下一个。
- 缺省系统目录下一个。

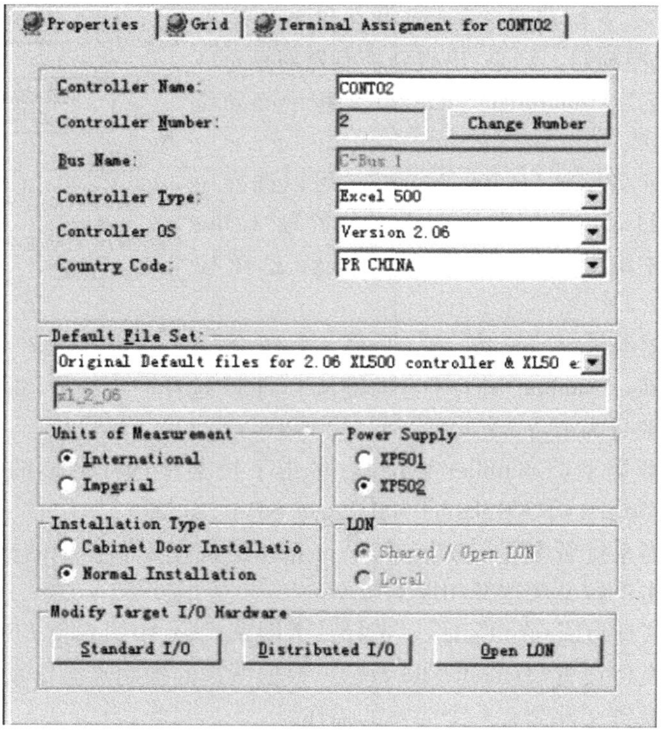

图 3-8 已建控制器属性

3. 创建设备 Plant

定义设备名字、选择设备类型和 I/O 类型以及预先规定放在某个控制器。

一个设备自动地依附到选定的控制器。选择工程而不选中控制器,可以创建一个未依附的设备。一个设备能够通过拖曳到希望的地方(控制器、工程)来使其依附或重新依附到控制器或工程上。

步骤:

①在设备树中选中要依附到的控制器。

②单击设备(Plant)下拉菜单 New 或者右击在出现的菜单中选创建设备(Creat Plant)。结果:出现新设备对话框。

③在名字栏键入设备名字(在一个工程中新设备名字不能和已存在的设备名重复)。最多 30 个字母和数字符号,不能有空格,第一个字符不能是数字。

④从设备类型下拉菜单中选择合适的类型。空调(Air Conditioning),空气处理或风机系统冷冻水系统(Chilled Water,冷却塔、冷却水泵、冷冻水泵、冷冻机等 ELink),热水系统(Hot Water,热水锅炉、热水换热器以及热水系统等)。

⑤单击 OK。结果:一个新的设备被创建并自动依附到控制器上。新的设备出现在设备树中并在右边。设备与控制器、工程间的层次关系如图 3-9 所示。

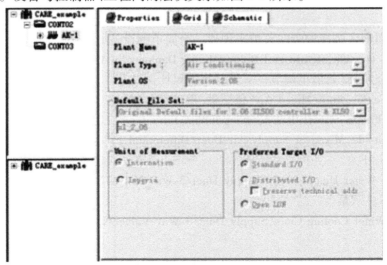

图 3-9　CARE 中已建设备与已建控制器、工程间的关系

4. 创建设备原理图

提供对整个系统的控制关系。为了对设备实现较好的控制效果,需要一定数量的数据点。数据点在画图形化设备原理图时自动创建,或者不使用图形快速创建。设计中两种方法结合使用。

(1)画设备原理图

在画设备原理图的同时就规定了设备的原理结构以及相互的连接关系。一个设备原理图就是诸如锅炉、加热器、水泵等若干个图形化片段的组合。片段由诸如传感器、状态点、阀门、水泵等组成。每个片段都包含一定数量的为达到最好控制效果所必需的数据点。

步骤：

①在设备树中选择设备（Plant）。

②单击 Plant 下拉菜单原理图（Schematic）。结果：出现原理图主窗口。

③单击片段（Segments），选择下拉菜单中想插入的组件，如图 3-10 所示。

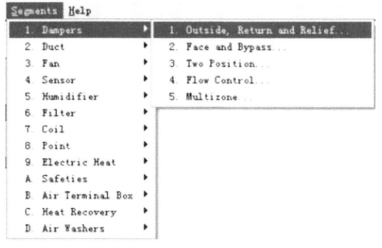

图 3-10　Segments 菜单列表

④按照下列顺序选择相应的菜单来创建一个简单的设备原理图。

● Dampers/Outside，Return and Relief/Mixing Damper/No Minimum DamperPs：风阀/新风、回风、排风/混合风阀/无最小调节——新、回、排风比例调节。

● Sensor/Temperature/Mixed Air（传感器/温度/混合风）。

● Safeties/Freeze Status（生命安全/防冻开关）。

● Filter/Outside，Mixed or Supply Air Duct/Differential Pressure StatusPs：滤网/室外、混合风、送风管/差压开关。

● Coil/Hot Water Heating Coil/Supply Duct/3-Way Valve/No PumpPs：盘管/热水盘管/送风管/3 向阀/不显示泵。

● Chilled Water Cooling Coils/Supply Duct/3-Way Valve/No PumpPs：冷水盘管/送风管/3 向阀/不显示泵。

● Fan/Single Supply Fan/Single Speed with Vane Control/Fan and Vane Control with Status（风机/送风机/可变频调速/带状态点的变频调速风机）。

● Sensor/Temperature/Discharge Air Temp（传感器/温度/送风温度）。Sensor/Pressure/Supply Duct Static（传感器/压力/送风管静压）。

⑤完成绘图，单击 File，选中 End。结果：设备中有关的数据点出现在设备树中，如图 3-11 所示。

（2）创建非图形化的 HW/SW 点

与画设备原理图一样，使用创建 HW/SW 能快速创建非图形化数据点。它既可以创建硬件点也可以创建软件点。

①选中设备（Plant）。

②单击 Plant，选下拉菜单创建 HW/SW 点（Creat HW/SW Points）或者右击在下拉菜单中

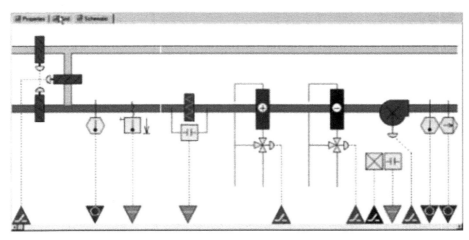

图 3-11　已绘制原理图

选创建 HW/SW 点（Creat HW/SW Points）。结果：出现创建新的数据点对话框，如图 3-12 所示。

　　③在数字（Number）栏，选择要创建的点的个数，在用户地址栏键入要创建点的名字。如果要创建不止一个点，CARE 会自动地使用要求的用户地址加递增的数字后缀来命名，确保使用唯一的用户地址。例如，添加 5 个房间温度传感器，命名为 RmTemp，需要 5 个点，软件会自动创建两个命名为 pt1，pt2 的点。名字只能使用字母符号，不能使用空格。

　　④在类型（Type）下拉菜单中，选择数据点类型。

　　⑤单击 OK。结果：添加模拟量输入类型的点，如图 3-13 所示。

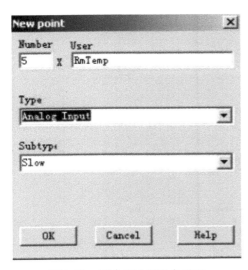

图 3-12　创建 HW/SW 点界面

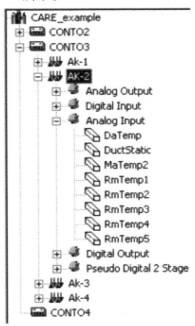

图 3-13　创建 HW/SW 点的结果

　　⑥在设备树中单击设备（Plant），在右边面板中选原理图（Schematic）来查看设备原理图，

如图 3-14 所示。

图 3-14　Schematic 呈现的 HW/SW 点

5. 修改数据点

按照需要,对数据点属性进行相应设定。数据点修改可以在两个不同的窗口中,单点显示和多点表格显示。单点显示只能修改单个点的属性,多点表格显示可以对更多的点总览编辑。

方式一:单点属性显示中修改数据点。

①在设备树中,选中想修改的点。结果:在右边面板出现点的属性,如图 3-15 所示。

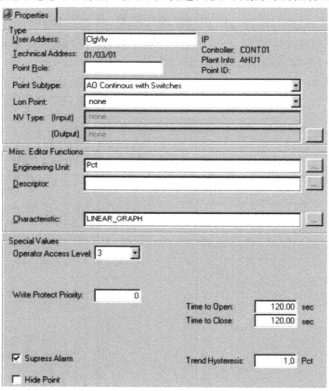

图 3-15　点属性修改界面

②在需要修改的地方修改期望的值。

方式二:在表格(Grid)中修改数据点。

①在设备树中,选中想修改的点所在的设备,在右边面板中选择 Grid。

结果:选中设备中的所有点出现在表格中,如图 3-16 所示。

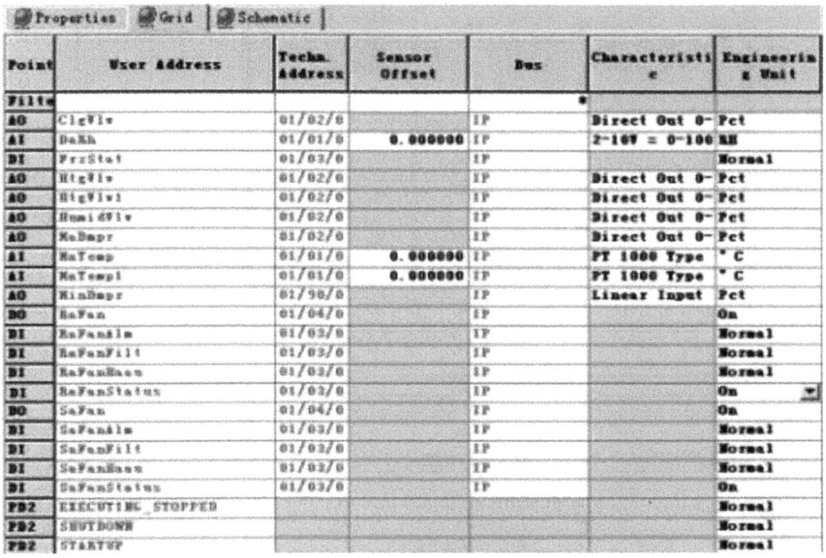

Point	User Address	Techn. Address	Sensor Offset	Bus	Characteristic	Engineering Unit
Filte					·	
AO	ClgVlv	01/02/0		IP	Direct Out 0-	Pct
AI	OaRh	01/01/0	0.000000	IP	2-10V = 0-100	RH
DI	FrzStat	01/03/0		IP		Normal
AO	HtgVlv	01/02/0		IP	Direct Out 0-	Pct
AO	HtgVlv1	01/02/0		IP	Direct Out 0-	Pct
AO	HumidFlv	01/02/0		IP	Direct Out 0-	Pct
AO	KaDmpr	01/02/0		IP	Direct Out 0-	Pct
AI	MaTemp	01/01/0	0.000000	IP	PT 1000 Type	°C
AI	MaTemp1	01/01/0	0.000000	IP	PT 1000 Type	°C
AO	MinDmpr	01/90/0		IP	Linear Input	Pct
DO	RaFan	01/04/0		IP		On
DI	RaFanAlm	01/03/0		IP		Normal
DI	RaFanFilt	01/03/0		IP		Normal
DI	RaFanHan	01/03/0		IP		Normal
DI	RaFanStatus	01/03/0		IP		On
DO	SaFan	01/04/0		IP		On
DI	SaFanAlm	01/03/0		IP		Normal
DI	SaFanFilt	01/03/0		IP		Normal
DI	SaFanHan	01/03/0		IP		Normal
DI	SaFanStatus	01/03/0		IP		On
PD2	EXECUTING_STOPPED					Normal
PD2	SHUTDOWN					Normal
PD2	STARTUP					Normal

图 3-16　Grid 中点的属性界面

②在需要修改的地方修改期望的值。

6. 手动分派数据点到控制器

在控制器中合理地安置接线端子。在创建了一个设备原理图后,CARE 自动地分配设备中的数据点到合适的模块。例如,模拟量输入分配到 XF521A 模块,数字量输出分配到 XF524A 模块。但是数据点在模块中的顺序并不都和接线端子排相符。这样就需要按照方便的接线位置来安排数据点在模块中的位置。另外,也可以按照 CARE 端子分布来安排现场的接线端子排。

步骤:

①在设备树中,选中控制器(Controller)。

②在右边面板中选择接线端子分配(Terminal Assignment)。结果:出现控制器端子分配表,如图 3-17 所示。

③如想重新放置数据点,点中数据点,按住鼠标左键,移动到希望的位置。结果:当移动数据点到与之匹配的端子时,数据点变绿色。提示:当移动数据点到与之不匹配的端子时,数据点变灰色,表示不同类型不匹配,不能放置。

④在希望的端子处,松开鼠标键,完成分配。

7. 设计控制策略

控制策略使控制器具有一定的智能化,设备的控制策略包括一个环境监视、调整设备运行的控制回路来维持环境参数在一个合适的水平。例如,当房间温度低于希望的温度设定时,系统通过编好的控制策略如 PID 调节来调节冷水或热水阀门的开度,维持温度在设定值。控制回路由一套"控制图标"组成,这些控制图标提供了预先编好的功能和算法,用以实现期望的控制目的,如图 3-18 所示。

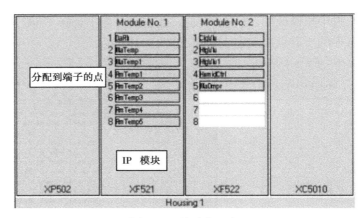

图 3-17　端子分配表

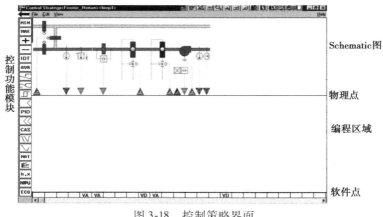

图 3-18　控制策略界面

步骤：

第一步：在设备树中选中设备（Plant）。

第二步：在工具栏中单击 Plant，选下拉菜单中的控制策略（Control Strategy）。

结果：出现控制策略主窗口。控制策略主窗口分成几部分：标题、菜单栏、设备原理图、物理点、软件点、编程区域、控制图功能模块等。

第三步：比如要控制风管静压。

第四步：在工具栏中单击 File，选下拉菜单中的新建（New）。结果：出现创建一个新的控制回路对话框，如图 3-19 所示。

第五步：为新建的控制回路键入一个名字，例如Pressure，单击确定（OK）。结果：现在可以选择一个合适的控制图标到工作区。

第六步：单击 PID 控制图标。

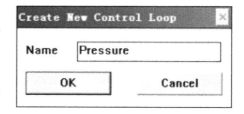

图 3-19　新建控制策略

第七步：把选中的控制图标放到工作区一个空的方框中。结果：控制图标被放到方框中。如有必要，软件会出现一个关于控制图标控制参数设定的对话框，如 PID 图标会要求设定比例常数、积分时间常数、微分时间常数、最小输出和最大输出，系统会提供一个合适的参数默认值，如图 3-20 所示。

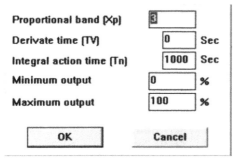

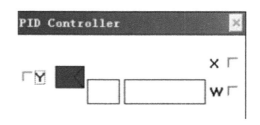

图 3-20　控制策略参数表　　　　　　　　　　　　图 3-21　PID 图标界面

第八步：单击确认(OK)。结果：控制图标变红色，表示所有的输入输出还没有全部连接到原理图上，控制回路还没有完成。

第九步：双击控制图标，出现一个输入/输出对话框来连接需要的输入输出点。

例如，PID 图标出现如图 3-21 所示的对话框。

Y，X，W 变量需要分别连接到一个硬件点、软件点或其他的控制图表上。Y 为输出变量，X，W 为输入，其中 X 连接被控变量(如温度、湿度)，W 连接到被控变量的设定值。对话框中的两个空白方框为可编辑区域，可以键入一个值来代替实际连接。

第十步：选中 W，X，Y 框的一个，并点中原理图中的硬件点来连接图标。

第十一步：如单击 X 框连接到传感器输入，如图 3-22 所示。

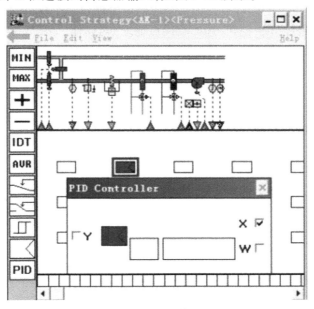

图 3-22　PID 控制策略界面

第十二步：单击传感器的红色三角，选中静压传感器硬件点。结果：红色三角变黑，表示这个点被选中。

第十三步：在对话框中单击红色控制图标方框关闭对话框开始连接。

第十四步：鼠标变成十字形，左击选中的数据点完成连接。结果：软件把数据点和控制图标连接起来，如图 3-23 所示。

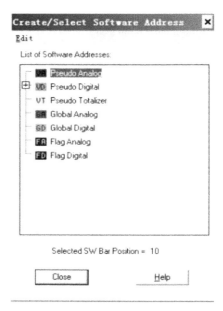

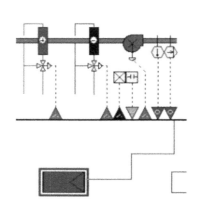

图 3-23　PID 与传感器参数相连

图 3-24　软件点(伪点)类型

第十五步:现在连接 PID 控制的 W 输入到一个用户定义的设定值变量。可以在控制图标对话框中的编辑区域直接键入设定值(不过设定后,运行中将不能在上位机修改设定值)。

第十六步:点窗口下方的软件点条中一个空的位置创建一个软件点。最好把它放在相关的控制图标附近。结果:出现"创建/选择软件点地址"对话框,如图 3-24 所示。

选择要创建的软件点的类型,软件提供用 7 种颜色区分的软件点类型。每个类型下包括了该控制器中所使用的软件点,也可以是空的。

第十七步:单击虚拟模拟量(Pseudo Analog)。

第十八步:右击,在下拉菜单中选新建(New)。或者在工具栏中单击编辑(Edit)中的新建(New)。结果:出现新软件点对话框。

第十九步:在用户地址(User Address)栏键入"static_set-point"。结果:在软件点条中,新创建的软件点表示为 VA(虚模拟量),如图 3-25 所示。

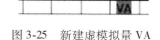

图 3-25　新建虚模拟量 VA

第二十步:再次双击控制图标,打开控制图标对话框。

第二十一步:选中 W 框,然后点创建的 VA 软件点。

第二十二步:单击控制图标红色方框关闭对话框。结果:从控制图标的 W 位置出来一段红色线,鼠标变为十字形。

第二十三步:单击软件点完成连接,如图 3-26 所示。

第二十四步:再次双击控制图标连接 PID 输出 Y 到风机的风阀上。

第二十五步:选中 Y 框,然后点风机下面的紫色三角形。结果:硬件点变黑表示该点已经被选中。

第二十六步:单击控制图标红色方框关闭对话框。结果:从控制图标的 Y 位置出来一段红色线,鼠标变为十字形。

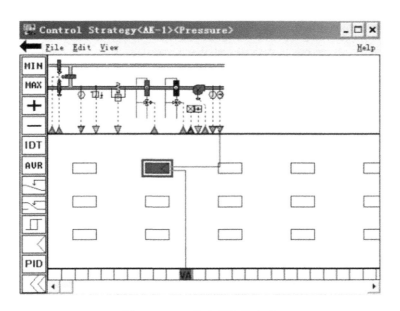

图 3-26　PID 输入量连接完成

第二十七步:单击选中的硬件点完成连接,如图 3-27 所示。结果:PID 图标变成亮蓝色,表示 PID 已经正确连接到系统中。完成整个 PID 连接后,当风机启动时,控制策略调节风阀开度来维持室内静压在设定值。当风机停止时,逻辑开关会把风阀调到最小开度。

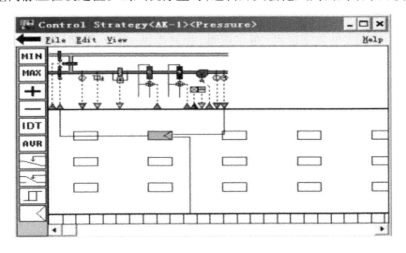

图 3-27　PID 建立完成

第二十八步:单击工具栏中 File,选退出(Exit)。

第二十九步:系统出现是否检查控制回路已经连接到设备的对话框,单击确认(OK),如图 3-28 所示。

第三十步:CARE 检查所有的控制回路已经完成连接后出现如图 3-29 所示的信息。

第三十一步:如果回路没有完成,系统出现下面提示如图 3-30 所示的信息。

图 3-28　检查控制回路对话框

图 3-29　控制回路成功对话框

图 3-30　控制回路不成功对话框

8.设计开关逻辑

开关逻辑为实现点的数字逻辑(布尔逻辑)控制提供一个易于使用的 Excel 逻辑表的方法,减少了到现场开关设备的硬件接线。开关表规定了 Excel 控制器相关的输出点,决定开关状态以及输入条件。若开关条件满足,控制器就把经过编程的信号传给输出点。对单段的一个控制器来说,可以有多个开关逻辑表并行工作("或"功能)。异或表防止软件给一个输出点传送超过一个"真"条件。也可以设定一个开或关的时间延迟。例如,在送风机启动 30 s 后,开关逻辑启动回风机。

例:按照系统要求,设定风阀执行器在风机停止后调节到最小位置。

(1)在设备树中选中设备(plant)

(2)在工具栏中单击 Plant 下面的开关逻辑(Switching Logic)。结果:出现开关逻辑主窗口,如图 3-31 所示。

步骤:

第一步:在设备树中选中设备(plant)。

第二步:在工具栏中单击"Plant"下面的开关逻辑(Switching Logic)。结果:出现开关逻辑主窗口,如图 3-31 所示。

开关逻辑主窗口包括:标题栏、菜单栏、控制栏、设备原理图、开关表格(工作区)、开关逻辑工具栏。

第三步:点击风机变频调节阀的控制点,为变频调节阀设定一个开关逻辑。结果:标题"SaFanVolCtrl"是风机变频调节阀输入点的用户地址。缺省值为"0.000",符合控制要求。下面使用风机的启停状态来确定风阀是否关闭。

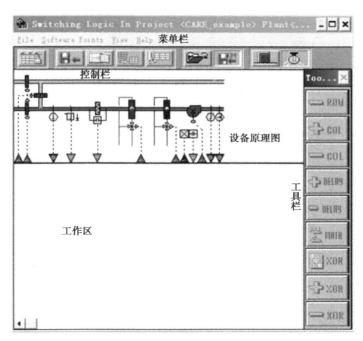

图 3-31　开关逻辑主窗口

第四步:单击代表风机状态的绿色三角形把它加到当前的开关逻辑中,如图 3-32 所示。

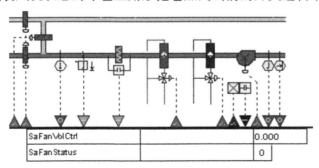

图 3-32　开关表编辑过程中

结果:按照控制要求,当送风机停止时调整风机风阀到最小开度(关闭)。

第五步:单击"-"一次变为"1",单击两次变成"0"。可以自己定义"0"和"1"所对应的状态,默认的设定是"0"为关闭,"1"为启动。这里单击两次变为"0",对应风机停止(表格的第二行中,现在显示的"0",可以通过单击在"-""1""0"之间切换)。

结果:一个简单的开关表完成。当送风机停止时,风机风阀会被关闭,如图 3-33 所示。

第六步:单击控制栏中的 图标,保存当前开关表,设置其他的开关逻辑。

结果:出现对话框,提示是否保存当前开关表,如图 3-34 所示。

第七步:单击"是",保存开关表。

结果:对应风机风阀的紫色三角形里面布满交叉线,这表明开关表已经绑定到这个点。

第八步:单击热水盘管控制点为其设定一个开关表。

结果:标题"HtgVlv"是热水阀的用户地址。缺省为"0.000"表示阀门完全关闭。我们需

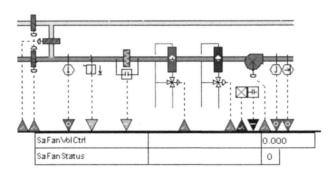

图 3-33　送风机停止,风机风阀关闭逻辑

图 3-34　是否保存当前开关表提示

要改变这个条件到全开,防冻开关报警或温度低于设定值时,热水阀全开。

第九步:单击第 3 栏一次,改变"0.000"到"100"。

第十步:键入"100"并按回车键(ENTER)。

结果:当开关表条件满足时,热水阀被设定到 100% 开度。下面我们详细规定这个条件。防冻开关应该作为决定热水阀开度的一个因素。

第十一步:单击表示防冻开关状态的绿色三角形。

结果:防冻开关添加到开关表中。

第十二步:单击"-"一次变成"1"。

第十三步:针对这个设备,我们下一步想添加一个"或"功能,通过单击"+"来实现添加列。

第十四步:在开关逻辑工具栏中单击+COL 图标一次。

结果:在开关表上添加一列。

第十五步:如果防冻开关激活,热水阀应该 100% 全开。另外,如果混合风温度低于 32 F(0 ℃)时,也要热水阀全开。

第十六步:单击代表混合风温度传感器的红色三角形。

结果:如图 3-35 所示,左边"0"表示激活条件的温度值,右边的"0"表示一个死区。"=>"和"<="分别表示"高于"和"低于"。单击这个位置可以改变。

第十七步:单击"=>"改变成"<="。

第十八步:左边"0"表示激活条件的温度值。键入"32"在左边栏中表示希望在温度低于或等于 32 F 时激活热水阀。

第十九步:为改变温度设定到"32",单击左边的"0"。

第二十步:键入"32",按回车键(ENTER)。

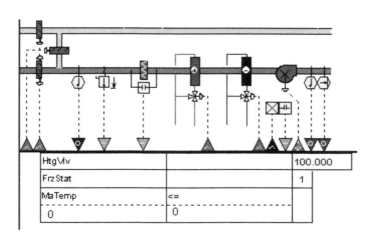

图 3-35　没设置的开关表

第二十一步:第二栏中的"0"表示温度在高于 34 F 多少度之后不再激活。系统要求有一个 2 F 的死区,以免热水阀频繁的开关。

第二十二步:单击"0"一次键入希望的死区。

第二十三步:键入"2"并按回车键(ENTER)。

第二十四步:"－"表示中立状态,表示与其无关,"1"为真,"0"为假。

第二十五步:单击"－"一次变为"1"(真)。

结果:开关表设计完成。当防冻开关激活或者混合风温度等于或低于 32 F 时,热水阀就会 100% 全开,如图 3-36 所示。

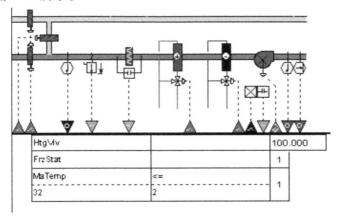

图 3-36　开关表编辑中

第二十六步:单击工具栏 File 中的 Exit。

第二十七步:单击确认(OK)保存开关表。

9. 创建时间程序

日程序为所选定的点指定开关时间、设定值以及开关状态。在设置日程序之前,将需要指定时间程序控制的点添加到表里,从表中选择控制点,设置时间程序。

时间程序主要分为日程序、周程序、假日程序以及年程序。在建立时间程序之前必须编辑添加要控制的点。日程序列出了点、每日点的动作和时间。将日时间应用于一周(周日到周六)的每一天,可生成系统的周程序,周程序应用于一年的每一周。年程序用一些特殊的日程序来确定时间周期,考虑当地情况,如地方节日和公众假期。

步骤:

(1)指派/取消用户地址

第一步:在时间程序窗口工具栏中单击用户地址(User address),如图3-37所示。

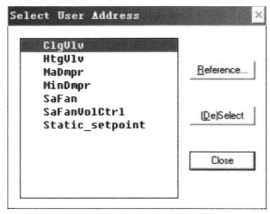 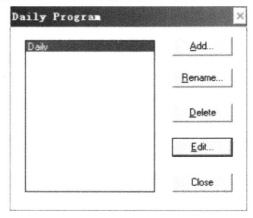

图3-37　添加时间程序针对变量的对话框　　　　图3-38　添加日程序对话框

第二步:单击浏览(Reference)显示已经指派的数据点。

第三步:选中列表中需要指派的数据点,单击选择(Select)。

结果:被指派的数据点前面出现一个"#"符号,表示选中。

第四步:单击关闭(Close)。

第五步:在时间程序窗口工具栏中单击日程序(Daily Program)。

结果:出现日程序对话框。

第六步:单击添加(Add)。

结果:出现添加日程序对话框,如图3-38所示。

第七步:键入日程序名字,单击确认(OK)。

结果:出现日程序对话框,新的日程序被选中。

第八步:单击编辑(Edit)。

结果:出现编辑日程序对话框。可以指派数据点来执行这个日程序。

第九步:单击添加(Add)。

结果:出现添加点到日程序对话框。

第十步:从用户地址下拉选单中,选中一个用户地址。

结果:对话框中的选项和设定参数与选择的数据点的类型有关。

第十一步:在时间框中键入时间。

第十二步:在数据点值(Value)栏键入适当的值。

第十三步:对于开关点可以在最优化(Optimize)下拉菜单中选择是(Yes)或否(No)。

第十四步:单击确认(OK)。

结果:回到编辑日程序对话框,可以添加更多的数据点。列表中的每一行都是一个命令。每个命令包含相应的特定时间、用户地址、设定值/状态等信息,如图3-39所示。

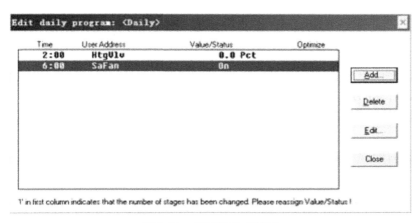

图 3-39　时间设置对话框

第十五步:单击添加(Add)添加更多的数据点。

第十六步:单击关闭(Close)。

(2)创建周程序

目的:

指派日程序到一周的每一天。

周程序重复执行构成年程序。

缺省的日程序:如果你没有为周程序指派一个日程序,软件将使用缺省的日程序定义周程序。

步骤:

第一步:在时间程序窗口工具栏中选周程序(Weekly Programs)。

结果:出现为周程序指派日程序对话框。

第二步:选中一周中的一天单击指派(Assign)。

结果:出现选择日程序对话框。显示已建立的日程序列表。

单击需要的日程序名并确认。

结果:对话框关闭,再次回到为周程序指派日程序对话框。日程序被指派到一周的某一天。如有必要,重复操作,为周程序的其他天指派日程序。

第三步:单击确认(OK)。

结果:对话框关闭,完成周程序创建。

第四步,示例:一台风机的启停点(SaFan)时间程序。

SaFan 的 Normal_daily 日程序定义:

06:00　　SaFan　　On

18:00　　SaFan　　Off

即早上 6:00 SaFan 开,晚 18:00 SaFan 关闭。

SaFan 的 Weekend 日程序定义:

12:00　　SaFan　　On

00:00　　SaFan　　Off

即送风机在上午 12 点开,晚上 12 点关闭。

周程序定义如下：

周一到周五采用 Normal_daily 日程表,周六周日采用 Weekend 日程表。

（3）创建假日程序

目的：

可以为五一国际劳动节和春节这样的假日安排特殊的日程序。选定的日程序可以应用于每年的这个假期。假期期间使用假期程序而不是周程序。

步骤：

第一步：在时间程序编辑器窗口单击假期程序（Holiday Programs）菜单进入假期程序对话框,如图 3-40 所示。

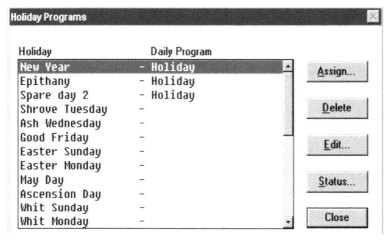

图 3-40　假期程序对话框

第二步：选择已建立的日程序,单击分配（Assign）,分配给假期程序,类似于周程序。

（4）创建年程序

目的：

用特定的日程序来定义一段时期的程序,可以定义超过一年的年程序。年程序比周程序有更高的优先级。

步骤：

第一步：在时间程序编辑窗口单击年程序（Yearly Program）菜单项进入 Yearly Program 对话框,如图 3-41 所示。

第二步：单击添加（Add）,添加一个新的年程序,添入开始和结束的时间范围,并为其分配日程序,如图 3-42 所示。

第三步：选中日程序名,单击分配（Assign）钮（或者双击日程序名）,为每个假日指派一个日程序。

第四步：单击状态（Status）按钮可以查看假期程序是否激活。

第五步：完成指派,单击关闭退出。

10. 连接到控制器

将运行 Excel CARE 的计算机与控制器物理连接起来,以便 CARE 能下载或上传程序到控制器中。

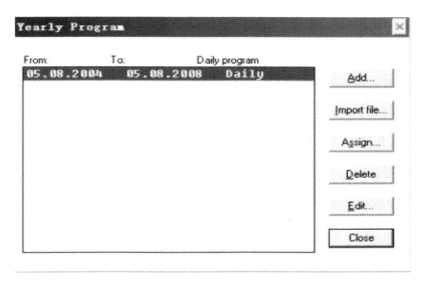

图 3-41　年程序编辑窗口

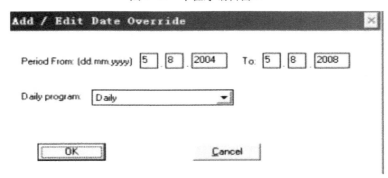

图 3-42　年时间(起/止)设置对话框

要求:计算机和控制器的距离应在 49 英尺(15 m 之内),如果距离很远[超出 3 281 英尺(1 000 m)],必须使用信号放大器,两个 9 针绝缘接口,通信线与接口连接为 RS-232 转 RS-485 接法(5 端直连,2,3 端互换)。

操作:将通信线的一端插入控制器 CPU 前端的插槽中。另一端接运行 CARE 的计算机的 9 针接口。

11. 编译控制器

将控制器以及依附的设备程序编译成控制器能够接收的格式,以便下载程序到 C-Bus 控制或 LON 控制器。

步骤:

第一步:在设备树中或 C-Bus 网络树中选中要编译的控制器。

第二步:在菜单栏中单击控制器(Controller),选下拉菜单中编译(Translate)或者在工具栏中单击编译(Translate)钮。

结果:出现 Honeywell CARE DDC 编译窗口。

第三步:CARE 自动开始编译,完成后出现程序大小,单击确定(OK)。

结果:程序开始编译。编译过程中,列表显示相关信息和警告信息。警告信息提供两种。

确定(OK)继续编译,取消(Cancel)终止编译。取消编译后,编译停止,回到编译窗口,从中可以看到有关信息,可以查看出错原因。如果出现重大错误,确认后,编译停止。程序编译成功,当前信息框提示编译程序的大小,如图3-43所示。

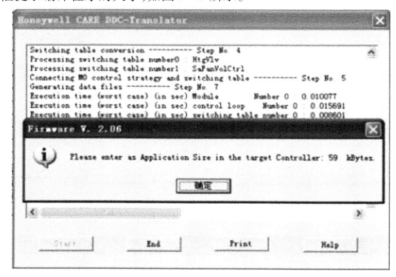

图3-43　程序编译对话框

第四步:单击启动(Start)再次开始编译。

第五步:单击结束(End)关闭对话框,返回CARE主界面。

第六步:单击打印(Print)开始打印编译信息。

12.下载程序到控制器

步骤:

第一步:物理连接控制器到计算机上。

第二步:在菜单栏中控制器(Controller)下,单击下拉菜单工具(Tools),选下级菜单 XL Online。

结果:出现 XL Online 主窗口。CARE 开始尝试连接控制器。如果没有正确连接,XI581/2或 XL Online 的 MMI 界面呈灰色,没有内容显示。如果连接正确,CPU 中没有写入程序,MMI(人机界面)呈现蓝色,没有信息显示。如果 CPU 中有程序在运行,MMI 呈现蓝色,出现初始化信息。

第三步:如果人机界面(MMI)是灰色,没有正确连接,按下列步骤连接。

● 单击菜单栏中 File 选下拉菜单连接(Connection)或者在工具栏中单击端口和波特率设定图标(　)出现连接对话框,如图3-44所示。

● 选择合适的波特率及通信端口,如果你不熟悉这些设定,选择端口1(COM 1)和自动探测。

● 单击连接(Connection)。

结果:如果不能连接,出现如图3-45所示的状态。

第四步:如果是第一次下载程序,首先要对 DDC 进行初始化设置,选择对应的总线类型(C-Bus,LON-Bus),设定控制器编号,选择合适的波特率。提示:控制器编号应从2开始,一定

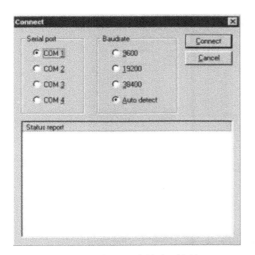
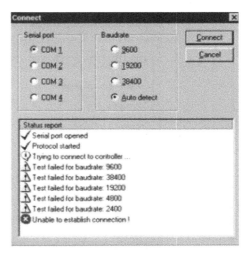

图 3-44　端口及波特率对话框　　　　　　　　图 3-45　端口连接不成功界面

要和下载的程序控制器编号对应。通常 EBI-Server 的编号设定为 1。

　　第五步:在 XL Online 菜单栏中下拉菜单选下载(Download)或者单击工具栏(图)。

　　结果:出现应用程序下载对话框,如图 3-46 所示。

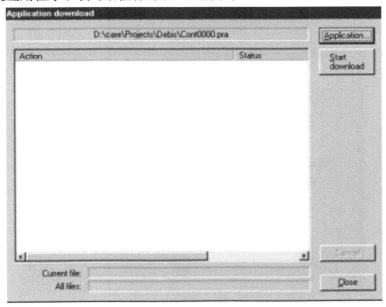

图 3-46　下载程序对话框

　　第六步:单击应用程序(Application),选择要下载程序对应的编译程序,单击启动下载(Startdownload)。

　　结果:程序开始下载到控制器,同时在下面显示下载进度条,如图 3-47 所示。

　　提示:单击应用程序(Application)选择时,务必注意选中程序下面的信息,选择与控制器对应的编译程序文件。

　　第七步:下载完毕单击关闭(Close)返回控制器界面。

　　结果:控制器 CPU 开始运行,初始化控制器变量。

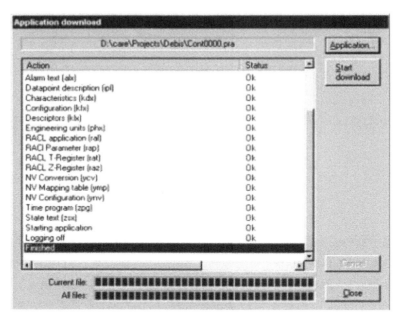

图 3-47 程序下载结束

第八步:切换到人机界面(MMI),呈现蓝色,出现控制器信息及可操作选项,如图 3-48 所示。

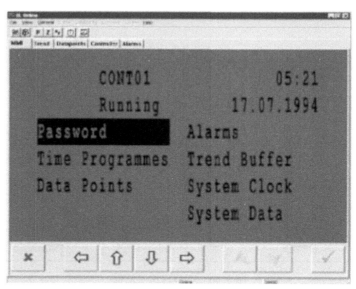

图 3-48 MMI 界面

第九步:进入数据点(Data points)查看点状态,开始调试工作。

第十步:如果控制器中已经写入了其他编号的控制器程序,需要按 CPU 模块上的重置(Reset)口,重新初始化 CPU,才能写入新的程序。

第十一步:如果要再次下载修改后的程序,编译后执行第五、六、七步操作。

第十二步:切换到警报(Alarm)查看系统错误或警告提示。

◆**任务实施过程**

1.在实训室上课,根据实训台数对学生进行分组,完成基本操作及程序仿真验证操作。

2.按照实训指导书对 CARE 软件中的四大功能绘制原理图、对控制策略、开关逻辑、时间程序编制一一进行操作。

◆**问题**

1.CARE 软件建立程序的步骤有哪些?

2.CARE 软件的功能有哪些? 对每一功能如何进行具体的编程? 以实例说明。

实训任务　CARE 软件的基本操作

班级		小组成员	
课程名称	楼宇设备监控及组态		
项目名称	CARE 软件认识及基本操作	学时	4
实训目的	1.能启动 CARE,熟悉 CARE 软件界面 2.能创建工程、控制器、设备、变量 3.在 CARE 软件中建立 4 种变量,注意这 4 种变量与 EX50DDC 外部 I/O 接口的对应关系	实训材料及设备、工具	XL50、计算机、导线若干
实训内容及效果要求	1.启动 CARE 软件 2.创建工程、控制器、设备,正确对它们进行属性设置 3.创建变量:1 个 AI,1 个 DI,1 个 AO,1 个 DO 4.对变量进行端口分配 5.用导线把 DDC 相应端口与面板进行连接及用 RS-232 线把 DDC 与计算机进行连接,对程序进行编译、下载到 DDC 中 6.对下载后的程序进行仿真或在线测试		
安全及5S要求	1.学生不能穿背心、拖鞋等进入实操室 2.电源开关及空调等由老师或老师指定的同学进行操作 3.课时结束后,每个小组要整理好自己的实训台,所有导线按颜色进行分类整理 4.安排值日小组进行实训室全面清洁及规整摆放凳子、台椅等 5.由科代表进行全面检查 6.老师负责所有电源的关闭及门、窗的关闭 7.XL50 需要交流 24 V 供电,模板是 DC 12 V,这点要重点强调		
人员分工			

续表

班级		小组成员	
实训要点（包括步骤、接线图、表格、程序等）	一、CARE 软件操作步骤 二、创建的变量名称、属性、DDC I/O 端口的分配 三、DDC I/O 端口与 I/O 实训板端口接线图		
实训总结			
老师评语			

本章小结

1. 熟悉 CARE 软件操作界面。

2. 熟练 CARE 软件创建工程、控制器、设备、变量的操作，并理解这几个量的关系。

3. 变量属性设置。

4. CARE 软件的四大功能：一是绘制原理图；二是控制策略；三是开关逻辑；四是时间程序。

项目四

空调监控系统的组态及组件

由于建筑业的发展,空调系统日趋复杂庞大,对室内空气环境的控制更加严格,空调系统的能耗也随之增长。空调系统的机电设备所耗能源几乎占整个建筑能量消耗的 50%。为了使空调系统在最佳工况下运行,在智能建筑中采用计算机控制对空调系统设备进行监督、控制和调节,用自动控制策略来实现节能。空调系统是 BAS 中的一个重要子系统。

任务一　空调系统运行原理及硬件结构

◆**目标**

1.联系空调相关课程,能准确对空调进行分类。

2.掌握各类型空调系统硬件设备。

3.掌握各类型空调系统运行原理。

◆**相关知识**

空调系统,用人为的方法处理室内空气的温度、湿度、洁净度和气流速度的系统。可使某些场所获得具有一定温度、湿度和空气质量的空气,以满足使用者及生产过程的要求、改善劳动卫生和室内气候条件。

一、空调系统的分类

1.**按空调设备的设置情况分类**

(1)集中式空调系统

集中式空调系统是将各种空气处理设备和风机都集中设置在一个专用的机房里,对空气进行集中处理,然后由送风系统将处理好的空气送至各个空调房间中去。

(2)半集中式空调系统

除有集中的空气处理室外,在各空调房间内还设有二次处理设备,对来自集中处理室的空气进一步补充处理。

（3）全分散式空调系统

把空气处理设备、风机、自动控制系统及冷、热源等组装在一起的空调机组，直接放在空调房间内就地处理空气的一种局部空调方式。

2. 按负担室内负荷所用的介质种类分类

（1）全空气系统

空调房间内的热、湿负荷全部由经过处理的空气来承担的空调系统。

（2）全水系统

空调房间内热、湿负荷全靠水作为冷热介质来承担的空调系统。

（3）空气—水系统

空调房间的热、湿负荷由经过处理的空气和水共同承担的空调系统。

（4）制冷剂直接蒸发系统

这是一种制冷系统的蒸发器直接放在室内来吸收房间热、湿负荷的空调系统。

3. 按冷却介质种类分类

（1）直接蒸发式系统

制冷剂直接在冷却盘管内蒸发，吸取盘管外空气热量。它适用于空调负荷不大，空调房间比较集中的场合。

（2）间接冷却式系统

制冷剂在专用的蒸发器内蒸发吸热，冷却冷冻水（又称冷媒水），冷冻水由水泵输送到专用的水冷式表面冷却器冷却空气。它适用于空调负荷较大、房间分散或者自动控制要求较高的场合。

4. 按采用新风量分类

（1）直流式系统

直流式系统又称全新风空调系统。空调器处理的空气为全新风，送到各房间进行热湿交换后全部排放到室外，没有回风管。这种系统卫生条件好，能耗大，经济性差，用于有有害气体产生的车间、实验室等。

（2）闭式系统

空调系统处理的空气全部再循环，不补充新风的系统。系统能耗小，卫生条件差，需要对空气中氧气再生和备有二氧化碳吸式装置。如用于地下建筑及潜艇的空调等。

（3）混合式系统

空调器处理的空气由回风和新风混合而成。它兼有直流式和闭式的优点，应用比较普遍，如宾馆、剧场等场所的空调系统。

目前，绝大多数建筑中采用的是集中式与半集中式空调系统，基本为定风量、全空气空调系统和新风加风机盘管空调系统。这几年来，变风量（VAV）空调系统（简称 VAV 系统）由于节省能源、控制灵活等优点，逐步应用。

二、空调系统的原理

1. 家用空调

由室内机和室外机组成，分别安装在室内和室外，中间通过管路和电线连接起来的空气调节器。它是一台内机对应一台外机，如图 4-1 所示，它与整体式空调器是相对的，整体式空调器是一体机，无内、外机之分。

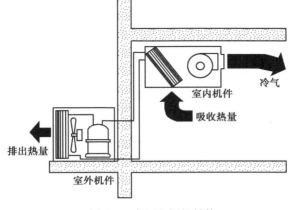

图4-1 家用空调机结构

空调器一般都是采用机械压缩式的制冷装置,其基本的元件共有4件:压缩机、蒸发器、冷凝器和节流装置。四者是相通的,其中充灌着制冷剂(又称制冷工质)。压缩机像一颗奔腾的心脏使制冷剂如血液一样在空调器中连续不断地流动,实现对房间温度的调节。

制冷剂通常以液态、气态和气液混合物3种形态存在。在这几种状态互相转化中,会造成热量的吸收和散发,从而引起外界环境温度的变化。从气态向液态转化的过程,称为液化,会放出热量;反之,从液态向气态转化的过程,称为汽化(包括蒸发和沸腾),要从外界吸收热量。

首先,低压的气态制冷剂被吸入压缩机,被压缩成高温高压的气体;然后,气态制冷剂流到室外的冷凝器,在向室外散热过程中,逐渐冷凝成高压液体;接着,通过节流装置降压(同时也降温)又变成低温低压的气液混合物。此时,气液混合的制冷剂就可以发挥空调制冷的"威力"了:它进入室内的蒸发器,通过吸收室内空气中的热量而不断汽化,这样,房间的温度降低了,它又变成了低压气体,重新进入了压缩机。如此循环往复,空调就可以连续不断地运转工作了,如图4-2所示。

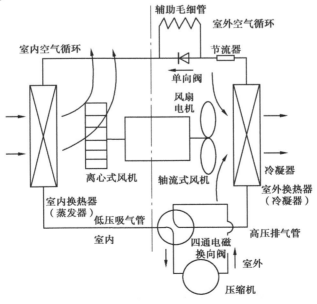

图4-2 家用空调制冷原理

2. 中央空调原理

中央空调系统一般主要由制冷压缩机系统、冷媒(冷冻和冷热)循环水系统、冷却循环水系统、盘管风机系统、冷却塔风机系统等组成,如图 4-3 示。

①制冷压缩机组通过压缩机将空调制冷剂(冷媒介质如 R134a,R22 等)压缩成液态后送蒸发器中,冷冻循环水系统通过冷冻水泵将常温水泵入蒸发器盘管中与冷媒进行间接热交换,这样原来的常温水就变成了低温冷冻水,冷冻水被送到各风机风口的冷却盘管中吸收盘管周围的空气热量,产生的低温空气由盘管风机吹送到各个房间,从而达到降温的目的。

②冷媒在蒸发器中被充分压缩并伴随热量吸收过程完成后,再被送到冷凝器中去恢复常压状态,以便冷媒在冷凝器中释放热量,其释放的热量正是通过循环冷却水系统的冷却水带走。

③冷却循环水系统将常温水通过冷却水泵泵入冷凝器热交换盘管后,再将这已变热的冷却水送到冷却塔上,由冷却塔对其进行自然冷却或通过冷却塔风机对其进行喷淋式强迫风冷,与大气之间进行充分热交换,使冷却水变回常温,以便再循环使用。

在冬季需要制热时,中央空调系统仅需要通过冷热水泵(夏季称为冷冻水泵)将常温水泵入蒸汽热交换器的盘管,通过与蒸汽的充分热交换后再将热水送到各楼层的风机盘管中,即可实现向用户提供供暖热风。

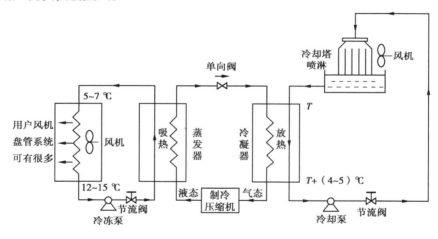

图 4-3　中央空调运行原理图

三、空调系统设备

1. 空调主机

1)电制冷类:离心式、螺杆式、风冷热泵

(1)离心式

概述:离心式冷水机组是依靠离心式压缩机中高速旋转的叶轮产生的离心力来提高制冷剂蒸汽压力,以获得对蒸汽的压缩过程,然后经冷凝节流降压、蒸发等过程来实现制冷。

工作原理:是由叶轮带动气体作高速旋转,使气体产生离心力,由于气体在叶轮里的扩压流动,从而使气体通过叶轮后的流速和压力得到提高,连续地生产出压缩空气。

适用范围:大中流量、中低压力的场合。

（2）螺杆式冷水机组

概述：螺杆式冷水机组，是利用螺杆式压缩机中主转子与副转子的相互啮合，在机壳内回转而完成吸气、压缩与排气过程。

工作原理：由蒸发器出来气体冷媒，经压缩机绝热压缩以后变成高温高压状态。再在冷凝器中，经冷凝后变化成液态冷媒，再经节流阀膨胀到低压，变成气液混合物。

适用范围：不适用于高压场合，不适用于小排气量场合，只能适用于中、低压范围。

（3）风冷热泵

概述：风冷热泵机组是由压缩机—换热器—节流器—吸热器—压缩机等装置构成的一个循环系统。

工作原理：冷媒在压缩机的作用下在系统内循环流动。在压缩机内完成气态的升压升温过程（温度高达100 ℃），进入换热器后释放出高温热量加热水，同时自己被冷却并转化为液态，当运行到吸热器后，液态迅速吸热蒸发再次转化为气态，同时温度下降至−30 ~ 20 ℃，这时吸热器周边的空气就会源源不断地将低温热量传递给冷媒。冷媒不断地循环就实现了空气中的低温热量转变为高温热量并加热冷水过程。

适用范围：商场、宾馆、饭店、餐厅、写字楼、影剧院等场合。

2）溴化锂类：溴化锂吸收式冷水机组

概述：是以溴化锂溶液为吸收剂，以水为制冷剂，利用水在高真空下蒸发吸热达到制冷的目的。包括溴化锂直燃机、溴化锂蒸汽机、溴化锂热水机。

工作原理：利用液态制冷剂在低温、低压条件下，蒸发、汽化吸收载冷剂的热负荷，产生制冷效应。

适用范围：区域性冷、热供应。

2. 末端设备

末端设备是用于调节室内空气温湿度和洁净度的设备。空调机组或空气处理机组内有风机、冷却或加热的盘管、过滤器，有的有加湿器、新风装置等，如图4-4所示。

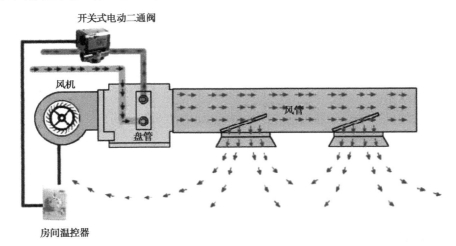

图4-4　风机盘管末端的工作原理示意图

用风管将冷却后或加热后的空气送入房间内，回风管将房间内的空气抽回空调机组再进行过滤、冷却或加热，反复循环使房间温度下降，当空气混浊的时候，可打开新风装置补充新风。空气处理机组均设有通风机。根据全年空气调节的要求,机组可配置与冷热源相连接的自动调节系统。可由工厂制成系列的定型产品,组成各种容量和功能的处理段,由设计人员选配,并在现场进行装配。一般容量较大(风量大于 5 000 m³/h),故不带独立的冷热源。

3.常用空调水系统阀门

阀门是用于管路系统中处理液体的控制装置。

(1)按阀门的功能分类

①切断用:用来切断(或接通)管路中的介质。如闸阀、截止阀、球阀、旋塞阀、蝶阀等。

②止回用:用来防止介质倒流,如止回阀。

③调节用:用来调节管路中介质的压力和流量。如调节阀、减压阀、节流阀、蝶阀、V 形开口球阀、平衡阀等。

④分配用:用来改变管路中介质流动的方向,起分配介质的作用。如分配阀、三通或四通旋塞阀、三通或四通球阀等。

(2)阀门结构的类型

①截门形:关闭件沿着阀座的中心线移动,如图 4-5(a)所示。

②闸门形:关闭件沿着垂直于阀座中心线的方向移动,如图 4-5(b)所示。

③旋塞和球形:关闭件是柱塞或球体,围绕本身的轴线旋转,如图 4-5(c)所示。

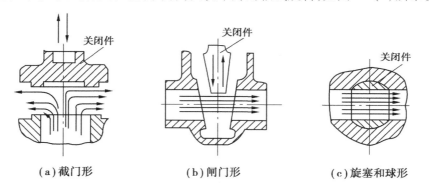

图 4-5　截门形、闸门形、旋塞和球形阀门

④旋启形:关闭件围绕轴线旋转,如图 4-6(a)所示。

⑤蝶形:关闭件为一圆盘,围绕阀座内的轴线旋转(中心式)或阀座外的轴线旋转(偏心式),如图 4-6(b)所示。

⑥滑阀形:关闭件在垂直于通道的方向上滑动,如图 4-6(c)所示。

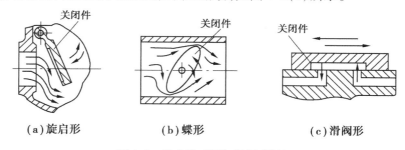

图 4-6　旋启形、蝶形、滑阀形阀门

4.空调风系统常用阀门风口

中央空调风口是中央空调系统中用于送风和回风的末端设备,是一种空气分配设备。送风口将制冷或者加热后的空气送到室内,而回风口则将室内污浊的空气吸回去,两者形成整个空气循环,在保证室内制冷采暖效果的同时,也保证了室内空气的制冷及舒适度。

◆任务实施

1.该节内容可以请空调专业老师进行讲解。

2.带学生到空调实训室进行参观。对家用空调或中央空调的硬件进行识别、熟悉。

◆问题

1.家用空调制冷原理是什么?

2.中央空调制冷原理是什么?

3.中央空调的硬件结构是什么?

4.有哪几种形式的水阀? 分别有什么特征?

任务二　空调系统的监控

◆目标

1.掌握空调水系统及风系统的监控功能、监控要求。

2.掌握空调水系统及风系统的监控内容,看懂监控点表并学会自己列表。

3.掌握空调水系统、风系统的监控要求及实施。

◆相关知识

由于智能建筑要求提供舒适健康的工作环境,以及符合通信和各种办公自动化设备工作要求的运行环境,并能灵活适应智能建筑内不同房间的环境需求,一方面对于温度、湿度、空气流速与洁净度、噪声等方面有更高的要求。室内空气质量问题已列入世界卫生组织关注的焦点,确认全球一半的人处于室内空气污染中,室内环境污染已经导致35.7%的呼吸道疾病,22%的慢性肺病和15%的气管炎、支气管炎和肺癌。另一方面,空调系统的能耗占全国能耗的1/3左右,我国是个能源紧缺的国家,空调系统的运行节能有非常重要的意义。

一、空调通风监控系统

1.智能通风系统的功能

(1)通风换气功能

排除室内污浊的空气,送进人们维持呼吸所必需的新鲜空气。吐故纳新,让你有置身大自然的舒适感受。

(2)空气过滤净化功能

新风换气机内设过滤装置,除去飘浮在空气中的烟雾和尘埃,保证送入室内的空气清新而洁净,给你贴心的健康呵护。

(3)能量回收功能

新风换气机内置高效节能的热交换器,通风换气的同时实现能量的交换(温度、湿度),大大降低了新风负荷,70%左右的能量回收率使保温换气成为现实,无论冬季还是夏季都能使用,能达到换气作用,同时解决了普通通风换气系统的能量过度损失问题。

2. 定风量空调系统及变风量空调系统

定风量空调系统的送风量是固定不变的,普通的空调系统大多数都是定风量空调系统。而在一些要求较高的洁净室场所,必须要保证房间内是"正压",而为了保证正压状态,同时要应付开关门等的变化,往往采用变风量空调系统。也就是说,门窗不开关的时候,风量基本是一个定值,但当门窗出现开关状态时,风量会根据室内外压差变化来自动调整增大。

3. 全部新风空调系统的控制原理

全部新风空调系统的控制原理如图4-7所示。

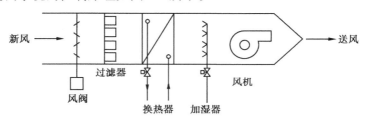

图4-7　全新风空调控制原理

全部新风空调系统主要由新风阀、过滤器、换热器、加湿器和送风机构成。新风机组通常与风机盘管配合进行使用,主要是为了给各房间提供一定的新鲜空气,满足室内空气的清洁要求。为避免室外空气对室内温、湿度状态的干扰,在室外空气送入房间之前需要对其进行热、湿处理。

全部新风空调系统监控原理如图4-8所示。

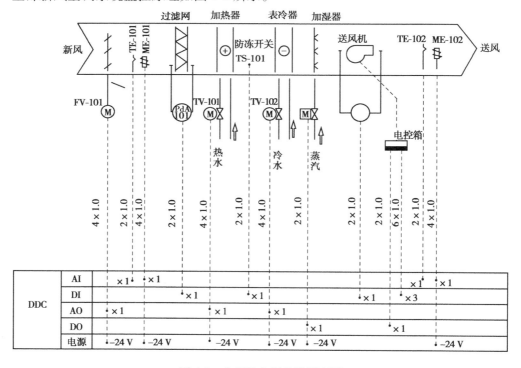

图4-8　全新风空调监控原理图

（1）监控的主要内容

①安装在新风口的风管式空气温度传感器测得的新风温度,送进 DDC 的 AI 端口,实现监测。

②安装在新风口的风管式空气湿度传感器测得的新风湿度,送进 DDC 的 AI 端口,实现监测。

③安装在过滤网两侧的压差开关,对过滤网两侧压差进行监测,信号送进 DDC 的 DI 端口。

④安装在送风管上的风管式空气温度传感器,对送风温度进行监测,信号送进 DDC 的 AI 端口。

⑤安装在送风管上的风管式空气湿度传感器,对送风湿度进行监测,信号送进 DDC 的 AI 端口。

⑥通过对送风机配械柜接触器辅助触点的断通状态,监测风机的运行状态,信号送进 DDC 的 DI 端口。

⑦通过对送风机配电柜热继电器辅助触点的断通状态,对风机故障进行监测,信号送进 DDC 的 DI 端口。

⑧通过 DDC 的 DO 端口对送风机进行启/停控制。

⑨通过 DDC 的 AO 端口对新风机风门开度的控制。

⑩通过 DDC 的 AO 端口对冷水阀/热水阀开度控制调节。

⑪通过 DDC 的 DO 端口对加湿阀门开度控制。

监控点表见表 4-1。

表 4-1　风系统监控点表

新风机组	AI	AO	DI	DO	Field Device
风机启停控制				1	
风机运行状态			1		
风机故障报警			1		
风机手自动状态			1		
送风温湿度	4				H7050B1018
新风风阀		1			模拟型
盘管水阀执行器 DN50		2			V5011N1099
加湿控制				1	开关型
防冻报警			1		T6951A1025
过滤网压差报警			1		DPS400
合计	4	3	5	2	

（2）DDC 的基本控制过程

①DDC 按设定时间送出风机启/停信号。新风阀与送风机联锁,当风机启动运行时,新风阀打开;风机关闭时,新风阀同时关阀。

②当过滤器两侧压差超过设定值时，压差开关送出过滤器堵塞信号，监控工作站给出报警信号。

③温度传感器检测出实际送风温度值，与 DDC 设定值比较，再经 PID 计算，输出相应的模拟信号，控制水阀门的开度，控制调节温度趋近并最终稳定在设定值。

④系统中的湿度传感器对送风湿度进行检测，并与 DDC 设定值比较，经 PID 计算，给出相应的设定模拟调节信号控制加湿阀的开度，控制湿度趋近并稳定在设定湿度上。

⑤对送风机的运行状态进行实时监测，此处主要对手动控制、自动控制、运行、故障的状态进行监控。

（3）防冻保护

①产生冻裂的主要原因：换热器内的水温接近 0 ℃时，其体积不仅不收缩反而会膨胀，因而使换热器被胀裂。新风机停止工作时，通常水量调节阀都关闭到零位，换热器内水流停止流动。

②防冻裂采取的措施：首先应关闭新风阀，防止冷空气进入，同时关闭风机，不使换热器温度进一步降低；机组停止工作后仍然把水量调节阀打开；整个水系统还应开启一台小功率的水泵，保证水系统有一定的水流速度。

③出现下列情况之一时，应启动防冻保护程序：风机停机，室外空气温度不高于 5 ℃时；风机未停机，换热器出口水温低于 8 ℃时。

4. 新回风混合空调系统监控原理

新回风混合空调系统比全新风空调系统增加了回风系统和排风系统，其目的是为了节约能源，净化室内空气，并可与消防系统联合排烟。

新回风混合空调系统监控原理如图 4-9 所示。

（1）监控的主要内容

①新风温、湿度监测，信号送进 DDC 的 AI 端口。

②过滤网两端的压差监测，信号送进 DDC 的 DI 端口。

③盘管的防冻信号监测，信号送进 DDC 的 DI 端口。

④送风机运行状态及故障状态监测，信号送进 DDC 的 DI 端口。

⑤送风温、湿度监测，信号送进 DDC 的 AI 端口。

⑥空调区域的温度、湿度、CO_2 监测，信号送进 DDC 的 AI 端口。

⑦回风温、湿度监测，信号送进 DDC 的 AI 端口。

⑧回风机运行状态及故障状态监测，信号送进 DDC 的 DI 端口。

⑨通过 AO 端口对新风阀、排风阀、回风阀进行开度控制。

⑩通过 DDC 的 DO 端口对送风机、回风机进行启/停控制。

⑪通过 AO 端口对水阀开度进行控制。

⑫通过 DO 端口对加湿阀进行启/停控制。

监控点表见表 4-2。

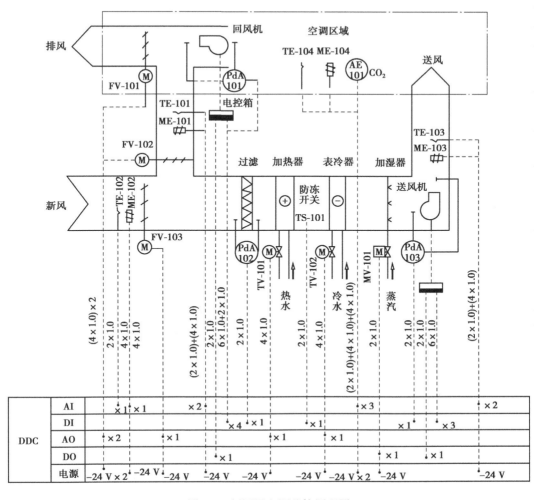

图 4-9　新回风空调监控原理图

表 4-2　新回风混合空调系统监控点表

序　号	设备信号点名称	符　号	AO	AI	DI	DO
1	排风阀	FV-101	1			
2	回风阀	FV-102	1			
3	新风阀	FV-103	1			
4	过滤网压差开关	PdA-102			1	
5	加热器电动阀	TV-101	1			
6	表冷器电动阀	TV-102	1			
7	加湿器电磁阀	MV-103				1
8	回风机启/停控制	K-101				1
9	回风机运行状态	PdA-101			1	
10	回风机手/自动监控	SZD-101			1	

续表

序　号	设备信号点名称	符　号	AO	AI	DI	DO
11	回风机故障报警（现场）	BJ-101			1	
12	送风机启/停控制	K-102				1
13	送风机运行状态	PdA-103			1	
14	送风机手/自动监控	SZD-102			1	
15	送风机故障报警（现场）	BJ-102			1	
16	回风温度	TE-101		1		
17	回风湿度	ME-101		1		
18	新风温度	TE-102		1		
19	新风湿度	ME-102		1		
20	送风温度	TE-103		1		
21	送风湿度	ME-103		1		
22	室内温度	TE-104		1		
23	室内湿度	ME-104		1		
24	室内 CO_2 浓度	AE-101		1		
25	防冻开关	TS-101			1	
合　　计			5	9	8	3

（2）DDC 的基本控制过程

①电动风阀与送风机、回风机的联锁控制。当送风机、回风机关闭时，新风阀、回风阀、排风阀都关闭。新风阀和排风阀同步动作，与回风阀动作相反。根据新风、回风及送风焓值的比较，调节新风阀和回风阀开度。当风机启动时，新风阀打开；当风机关闭时，新风阀关闭。

②当过滤器两侧压差超过设定值时，压差开关送出过滤器堵塞信号，并由监控工作站给出报警信号。

③送风温度传感器检测出实际送风温度，送往 DDC 与给定值进行比较，经 PID 计算后输出相应的模拟信号，控制水阀开度，直至实测温度非常逼近和等于设定温度。

④送风湿度传感器检测到送风湿度实际值，送往 DDC 后与设定值比较，经 PID 计算后，输出相应的模拟信号，调节加湿阀开度，控制房间湿度达到设定值。

⑤由设定的时间表对风机启/停进行控制，并自动对风机手动/自动状态、运行状态和故障状态进行监测；对送风机、回风机的启/停进行顺序控制。

⑥在冬季温度很低时，防冻开关送出信号，风机和新风阀同时关闭，防止盘管冻裂。当防冻开关正常工作时，要重新启动风机，打开新风阀，恢复正常工作。

二、空调制冷水系统监控

（1）监控的主要内容

监控内容有：冷冻机组的监测与控制、冷却水系统的监测与控制、冷冻水系统的监测与控制，如图 4-10 所示。

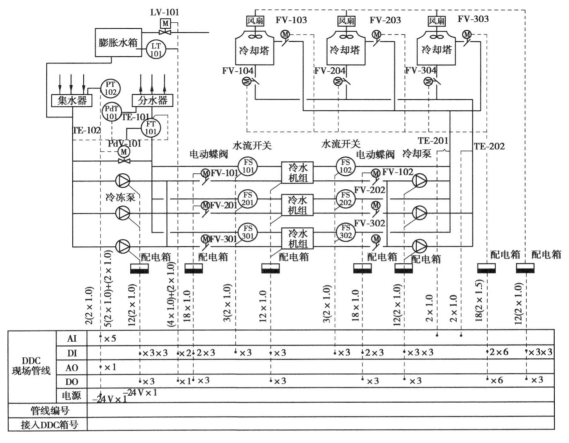

图 4-10 空调制冷水系统监控原理图

监控点表见表 4-3。

表 4-3 空调制冷水系统监控点表

序 号	制冷系统	符 号	AI	AO	DI	DO
1	冷水机组启停控制	冷水机组				3
2	冷水机组运行状态				3	
3	冷水机组故障报警				3	
4	冷水机组手自动状态				3	
5	冷冻水回水电动蝶阀	FV101			6	3
6	3 冷冻泵启停控制	冷冻泵				3
7	3 冷冻泵运行状态				3	
8	3 冷冻泵故障报警				3	
9	3 冷冻泵手自动状态				3	
10	冷冻水水流状态	FS101			3	

续表

序　号	制冷系统	符　号	AI	AO	DI	DO
11	泵启停控制	冷却泵				3
12	泵运行状态				3	
13	泵故障报警				3	
14	泵手自动状态				3	
15	冷却水流状态	FS102			3	
16	冷却水电动蝶阀	FV102			6	3
17	冷却塔风机启停控制	风扇				3
18	冷却塔风机运行状态				3	
19	冷却塔风机故障报警				3	
20	冷却塔风机手自动状态				3	
21	冷却塔供回水电动蝶阀				12	6
22	冷却水供回水温度	TE201,TE202	2			
23	总供回水温度	TE101,TE102	2			
24	总回水流量	FT101	1			
25	总供回水压力	PT101,PT102	2			
26	旁通调节阀	PD101		1		
27	膨胀水箱高、低液位报警	LT101			2	
28	膨胀水箱补水控制	LV101				1
	总　计		7	1	68	25

（2）DDC 基本控制

①冷冻水供/回水温度监测。通过供水总管上的温度传感器 T_1 检测冷冻水供水温度,检测的信号送入 DDC(AI)中,通过回水总管上的温度传感器 T_2 检测冷冻水回水温度,检测的信号也送入 DDC(AI)中。

②冷冻水供水水流量监控。通过供水总管上的流量传感器 F 检测冷冻水流量,送入 DDC(AI)中。

③水机组开启台数控制。把上述 3 种信号送入 DDC 中,计算出实际的空调冷负荷,再根据实际冷负荷及压差旁通阀 V 的开度自动调整冷水机组投入台数与相应的循环水泵投入台数,以期达到最佳节能效果。

④压差旁通控制。由压差传感器 ΔP 检测冷水供、回水总管之间的压差,送入 DDC(AI),与压差预先设定值比较后,DDC 送出相应信号(AO),调节位于供、回水总管之间的旁通阀的开度,实现进水与回水之间的旁通,以保持供、回水压差恒定。

⑤水流检测、水泵控制。冷冻水泵、冷却水泵启动后,通过水流开关 FS 检测水流状态,其信号送入 DDC(DI)中,根据水流状态由 DDC 发出信号,通过电动阀调节水流。如果流量太

小,甚至断流,则 FS 把水流状态信号送入 DDC(DI),DDC(DO)则输出报警信号,DDC(DO)输出信号停止相应冷水机运行。当某一台水泵出现故障,信号送入 DDC,DDC 发出信号控制备用水泵自动投入运行。

⑥冷水机组联锁控制。启动:先启动冷却水循环系统;再启动冷冻水循环系统;最后启动冷水机组。即冷却水蝶阀,冷却塔进水蝶阀,冷却塔风机,冷却水循环泵,冷冻水蝶阀,冷冻水循环泵,压差控制环路,冷水机组。停机顺序与启动顺序相反。

◆ **任务实施过程**

1. 通过课堂动画展示,认识对空调进行智能控制的效果及实现意义。

2. 深入讲解空调风系统及制冷水系统的监控原理图及点表的含义。要求学生能根据监控要求自行绘制。

3. 分析 DDC 在监控中的作用。

4. 到实训室,分析实训台中新风系统监控原理图及点表。

◆ **问题**

1. 写出制冷水系统及风系统的监控要求,画出监控原理图,熟悉监控点表。

2. 写出在新风系统、新回风系统、制冷水系统中 DDC 的控制功能。

3. 画出实训室中新风系统监控原理图及点表。

任务三　空调系统的 CARE 控制策略

◆ **目标**

1. 掌握 CARE 组态软件中控制策略的功能。

2. 掌握 CARE 组态软件中编写控制策略的要求。

3. 掌握 CARE 组态软件中控制图标的功能、控制回路的连接方法。

4. 能写出空调监控的基本控制回路。

◆ **相关知识**

一、系统控制策略

由于空调服务区域体积较大,加上表冷器、加热器及相关电动阀的滞后作用,因此在温湿度控制中,系统的纯滞后及惯性较大,如果单纯地根据房间温、湿度去控制各执行机构,则系统可能会因为滞后的原因引起房间温、湿度超调及震荡,此时应当将送风参数引入控制回路构成辅助回路和主回路共同组成串级控制,具体原理如下图 4-11 所示。

二、CARE 控制策略功能

控制策略由控制回路组成,为模拟点提供标准的控制功能,通过监测回路和调整设备操作来维持环境的舒适水平。控制回路是由一系列的表示事件顺序的控制图标组成。控制图标通过预编程功能和运算法来实现 Plant 原理图中的控制顺序。

1. 控制图标

控制图标功能见表 4-4。

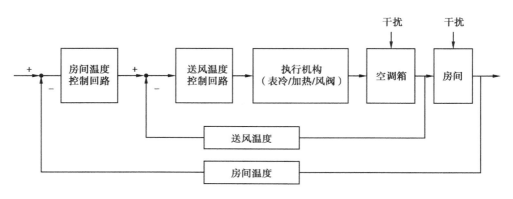

图 4-11 房间温度监控策略

表 4-4 控制图标功能

控制图标	功能名	图标名	功能描述
＋	加法	ADD	两个以上的模拟点输入求和
－	减法	DIF	两个以上的模拟点输入求差
	选通开关	SWI	选通开关,根据一个数字量,选通不同的控制回路
AVR	平均值	AVR	计算多个(2~6)模拟量输入点的平均值
	串级控制	CAS	串级控制器
CAS	串级控制	(带 DI)CAS	带数字量输入的串级控制器
	转换开关	CHA	根据一个数字量来传递模拟量值
	循环	CYC	建立一个循环操作
IDT	数据传递	IDT	将值从一个控制图标传递到其他图标或点
	死区	2PT	带死区的数字量开关
DUC	开关切换	DUC	间断性切换 HVAC 系统开/关,用以节能
ECO	优化运行	ECO	确定最经济的系统运行方式
	事件计数器	EVC	事件计数器
XFM	结合应用	XFM	能和其他模块或点结合的混合应用
	自适应加热曲线	HCV	使用加热曲线计算排风温度设定值
h, x	熔值和绝对湿度	H, X	计算熔值和绝对湿度
MAT	数学编辑器	MAT	数学编辑器
MAX	最大值	MAX	选择多个模拟量输入中的最大值
MIN	最小值	MIN	选择多个模拟量输入中的最小值
NIPU	夜间降温	NIPU	夜间使用较冷的室外温度以降低能耗

续表

控制图标	功能名	图标名	功能描述
EOV	优化空调启停	EOV	为启停空调设备计算最优值
EOH	优化加热启停	EOH	为启停加热系统计算最优值
◁	PID	PID	PID 控制器
PID	PID(带使能端)	PID	带有开关使能端的 PID 控制器
⌐_	限幅	RAMP	限制房间温度变化率
RIA	读取	RIA	读取一个用户地址的属性值

2. 控制策略容量

①每个 Plant 可有多个控制回路。

②每个控制器上与其连接的所有 Plant 最多只能有 128 个控制图标,即如果有 4 个 Plant,则用于这 4 个 Plant 的所有控制图标总数不能超过 128 个。

③每个控制器上与其连接的所有 Plant 最多只有 40 个 PID 控制图标,即如果有 4 个 Plant,则用于这 4 个 Plant 的 PID 控制图标总数不得超过 40 个。

如果控制回路没有完成而退出控制策略功能,则无法将 Plant 与控制器相连,也不能对 Plant 进行编译,还会出现警告信息。

3. 控制回路操作

控制回路操作步骤:创建新的控制回路,编辑、连接控制回路,复制、删除控制回路,检查控制回路。

①创建新的控制回路。

步骤:

第一步:菜单栏文件"File"→新建"New",出现创建新控制回路对话框,如图 4-12 所示。

第二步:在名称编辑字段键入新回路名,方便识别。

第三步:单击 OK,单击取消放弃。

②编辑、连接控制回路。

通过增加和删除控制图标以及将它们的 I/O 端口和设备中的硬件点或软件点连接来完成控制回路操作。

可以连接到控制图标的点:硬件点(一个硬件输出点只能连接到一个控制回路中)、软件点、浮点(Flags)、其他控制图标的 I/O 端口。

一个连接控制回路的典型操作步骤:

第一步:单击 PID 控制器图标拖放到工作区。

第二步:单击求和 ADD 图标放在 PID 控制器图标的右边。

第三步:分别双击 PID 控制器图标和求和图标,出现两个 I/O 连接对话框。

第四步:选中求和图标中的输出 Y,在 Y 前面复选框出现。

第五步:选中 PID 控制器对话框的输入端 X,在 X 前面复选框出现。

第六步:单击 PID 控制器对话框上的红色 PID 图标。

结果:两个对话框都关闭。在PID图标的输出端出现一条短连接线。鼠标变为十字交叉线,如图4-13所示。

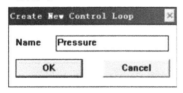

图4-12　新建控制回路

图4-13　控制回路中两图标相连

第七步:移动十字交叉线到求和图标上。移动过程中左击表示确认画线,右击放弃上次画线,合理布局连线。最后把鼠标放到求和图标上。

第八步:单击求和图标完成连接。

结果:两个控制图标都变为红色,一条线连接到两个图标上。

多级输入:控制图标的输出点能够连接到其他多个控制图标的输入端,如图4-14所示。

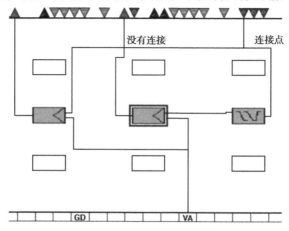

图4-14　多级控制回路图

在连接过程中,要注意合理地布局连线。在放置完控制图标后,完成图标与硬件点和软件点的连接,否则会形成混乱的连接。

混乱连接例子:下面的例子中使用了和上例一样的控制图标,但由于图标放置与连接的不合理,导致整个控制策略感觉很乱,如图4-15所示。

例:房间温度分冬、夏两季的PID控制,如图4-16所示。

该回路包括一个PID操作、一个AVR操作(求平均)、一个SWI操作(模拟量切换)、一个IDT(数据传递)以及一个DIF(求差值)。增加了两个软件点,一个是模拟量AirRTempSet,另一个是数字量AirSuWI。房间温度AirRmTemp1和AirRmTemp2的平均值作为PID调节的实测值。软件点AirRTempSet作为PID调节的设定值。IDT操作将PID的输出值输出到两个模块,一方面直接送入SWI,用作夏季控制AirPumpVlv开度;另一方面和100相减之后,送入SWI,用作冬季控制阀门开度。软件点AirSuWi用于季节切换。根据室内的温度和设定值以及季节的变化来控制泵开大还是开小。

③删除控制回路。菜单栏文件(File)→删除(Delete)。再输入回路的名字,即可删除相应的控制回路。

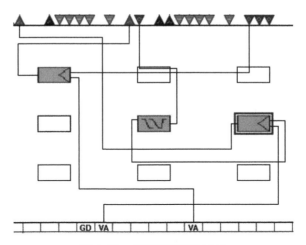

图 4-15　多级图标混乱连接

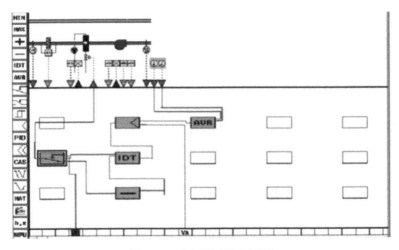

图 4-16　房间温度控制回路

④检查控制回路。单击工具栏中 File,选退出(Exit)时系统会自动对回路逻辑正确否进行检查。

◆任务实施过程

1.到实训室,根据 CARE 实训台数,学生分小组进行教学。

2.通过演示控制策略的启动、控制图标与变量或控制图标间的连接,使学生掌握基本的操作。

3.根据空调具体的控制要求,编写例题的控制回路,并进行仿真。

4.学生完成实训报告,并写出实训心得。了解学生对控制策略的掌握情况,如需要,则需进行反复演示、讲解操作。

◆问题

完成实训报告。

任务四　空调监控系统组件

◆**目标**

1. 了解什么是监控组件。

2. 掌握空调监控系统组件各自传感器的作用、性能特点、安装要求、接线线路。

3. 掌握空调监控系统组件各自执行器的作用、性能特点、安装要求、接线线路。

◆**相关知识**

组件的英文名为 Component,也称为元件。实际上组件并不是一种新概念,它在许多成熟的工作领域有着十分广泛的应用。比如我们组装计算机,自己并不一定要了解 CPU、主板、光驱等配件的工作原理,而只需要知道如何将这些配件组装在一起,实现计算机的正常运行。

空调监控系统的组件是实现了对空调系统正确运行的监控,主要是传感器及执行器。

一、温度传感器

温度传感器主要安装在风管或水管(冷却水管、冷冻水管)上,用于采集相应的温度。

温度传感器(temperature transducer)是指能感受温度并转换成可用输出信号的传感器。按测量方式可分为接触式和非接触式两大类,按照传感器材料及电子元件特性分为热电阻和热电偶两类。

1. 热电偶温度传感器

热电偶是温度测量中最常用的温度传感器。其主要好处是宽温度范围和适应各种大气环境,而且结实、价低,无须供电,也是最便宜的。热电偶由在一端连接的两条不同金属线(金属 A 和金属 B)构成,当热电偶一端受热时,热电偶电路中就有电势差。可用测量的电势差来计算温度。

不过,电压和温度间是非线性关系,温度由于电压和温度是非线性关系,因此需要为参考温度(Tref)作第二次测量,并利用测试设备软件或硬件在仪器内部处理电压-温度变换,以最终获得热偶温度(Tx)。Agilent34970A 和 34980A 数据采集器均有内置的测量运算能力。

热电偶是最简单和最通用的温度传感器,但热电偶并不适合高精度的测量和应用。各类热电偶外观及性能等,见表4-5。

表 4-5　各类热电偶外观及性能

工业热电偶温度传感器	热电偶探头	红外热电偶

续表

工业热电偶温度传感器	热电偶探头	红外热电偶
参数： (1)金属护套材质：304 不锈钢、310 不锈钢、316 不锈钢、321 不锈钢 (2)探头长度 300 mm(12″)、600 mm(24″)	参数： (1)超稳定的温度漂移——25 周低于 2.8 ℃ (2)尺寸更小，性能更佳——0.8 mm 探头可承受 815 ℃(1 500 ℉)的温度长达 3 年 (3)探头预期寿命高达同类竞争产品的 10 倍 (4)可处理高达 1 335 ℃(2 400 ℉)的温度	参数： (1)传感器和变送器组合 (2)发射率可调节 (3)报警设定值和输出可调节 (4)封装在一个外径 25 mm(1.0″)、长 127 mm（5.0″)的 NEMA 4(IP65)等级不锈钢外壳中 (5)10∶1 光学视场 (6)可提供 4～20 mA,0～5 V DC,0～10 V DC,10 mV/度和 K 型热电偶输出

2. 热敏电阻

热敏电阻是用半导体材料,大多为负温度系数如 NTC 热敏电阻,即阻值随温度增加而降低。还有正温度系数如 PTC 热敏电阻,即阻值随温度增加而阶跃增加。温度变化会造成大的阻值改变,因此它是最灵敏的温度传感器。但热敏电阻的线性度极差,并且与生产工艺有很大关系。制造商给不出标准化的热敏电阻曲线。

热敏电阻体积非常小,对温度变化的响应也快。但热敏电阻需要使用电流源,小尺寸也使它对自热误差极为敏感。

热敏电阻在两条线上测量的是绝对温度,有较好的精度,但它比热偶贵,可测温度范围也小于热偶。一种常用热敏电阻在 25 ℃时的阻值为 5 kΩ,每 1 ℃的温度改变造成 200 Ω 的电阻变化。10 Ω 的引线电阻仅造成可忽略的 0.05 ℃误差。它非常适合需要进行快速和灵敏温度测量的电流控制应用。尺寸小对于有空间要求的应用是有利的,但必须注意防止自热误差。

热敏电阻还有其自身的测量技巧。热敏电阻体积小是优点,它能很快稳定,不会造成热负载。不过也因此很不结实,大电流会造成自热。由于热敏电阻是一种电阻性器件,任何电流源都会在其上因功率而造成发热。功率等于电流平方与电阻的积。因此要使用小的电流源。如果热敏电阻暴露在高热中,将导致永久性的损坏,如图 4-17 所示。

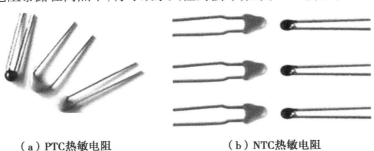

（a）PTC热敏电阻　　　　　（b）NTC热敏电阻

图 4-17　两类热敏电阻

3. 选用注意

①被测对象的温度是否需记录、报警和自动控制,是否需要远距离测量和传送。

②测温范围的大小和精度要求。

③测温元件大小是否适当。

④在被测对象温度随时间变化的场合,测温元件的滞后能否适应测温要求。

⑤被测对象的环境条件对测温元件是否有损害。

⑥价格如何,使用是否方便。

4. 安装使用

温度传感器在安装和使用时,应注意下述事项方可保证最佳测量效果。

(1)安装不当引入的误差

如热电偶安装的位置及插入深度不能反映炉膛的真实温度等,换句话说,热电偶不应装在太靠近门和加热的地方,插入的深度至少应为保护管直径的 8～10 倍;热电偶的保护套管与壁间的间隔未填绝热物质致使炉内热溢出或冷空气侵入,因此热电偶保护管和炉壁孔之间的空隙应用耐火泥或石棉绳等绝热物质堵塞以免冷热空气对流而影响测温的准确性;热电偶冷端太靠近炉体使温度超过 100 ℃;热电偶的安装应尽可能避开强磁场和强电场,因此,不应把热电偶和动力电缆线装在同一根导管内以免引入干扰造成误差;热电偶不能安装在被测介质很少流动的区域内,当用热电偶测量管内气体温度时,必须使热电偶逆着流速方向安装,而且充分与气体接触。

(2)绝缘变差而引入的误差

如热电偶绝缘了,保护管和拉线板污垢或盐渣过多致使热电偶极间与炉壁间绝缘不良,在高温下更为严重,这不仅会引起热电势的损耗而且还会引入干扰,由此引起的误差有时可达上百度。

(3)热惰性引入的误差

由于热电偶的热惰性使仪表的指示值落后于被测温度的变化,在进行快速测量时这种影响尤为突出。因此,应尽可能采用热电极较细、保护管直径较小的热电偶。测温环境许可时,甚至可将保护管取掉。由于存在测量滞后,用热电偶检测出的温度波动的振幅较炉温波动的振幅小。测量滞后越大,热电偶波动的振幅就越小,与实际炉温的差别也就越大。当用时间常数大的热电偶测温或控温时,仪表显示的温度虽然波动很小,但实际炉温的波动可能很大。为了准确地测量温度,应当选择时间常数小的热电偶。时间常数与传热系数成反比,与热电偶热端的直径、材料的密度及比热成正比,如要减小时间常数,除增加传热系数以外,最有效的办法是尽量减小热端的尺寸。使用中,通常采用导热性能好的材料,管壁薄、内径小的保护套管。在较精密的温度测量中,使用无保护套管的裸丝热电偶,但热电偶容易损坏,应及时校正及更换。

(4)热阻误差

高温时,如保护管上有一层煤灰,尘埃附在上面,则热阻增加,阻碍热的传导,这时温度示值比被测温度的真值低。因此,应保持热电偶保护管外部的清洁,以减小误差。

(5)典型水管道温度传感器 GST-W-1000TA/02050/200 的安装

①用途。该类传感器适用于采暖、通风与空气调节系统水路内温度的测量,自带套管,如图 4-18 所示。

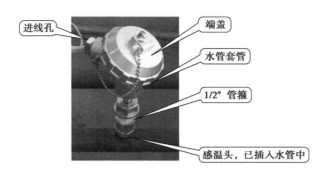

图 4-18　水管道温度传感器 GST-W-1000TA/02050/200

②主要技术参数:

长度:100 mm,150 mm,200 mm

供电电压:24 V DC

温度范围:0 ~ 50 ℃

输出信号:4 ~ 20 mA

精度:±0.5 ℃

③安装位置,如图 4-19 所示。

该传感器安装在冷冻和冷却水系统管道处,分别测量冷却水、冷冻水供水、回水温度(℃)。

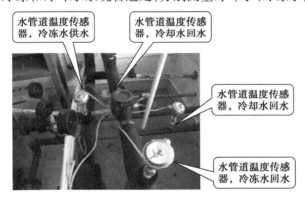

图 4-19　水管道温度传感器 GST-W-1000TA/02050/200 安装位置

④安装方法如图 4-20 所示。

第一步:先将所测流体管路开孔,将 1/2″(4 分管)管箍接在管路上(采用铜焊)。

第二步:将水管套管的下部螺纹处均匀缠上生料带或生麻、紧固在已焊接好的 1/2″管箍上。

第三步:将导热硅脂注入已紧固好的套管内将水管套管上部先套入传感器的铜棒后,再将上部套管的螺纹缠上生料带或生麻,紧固在下部套管上,水管道温度传感器即全部安装完毕。

详细尺寸请参照水管道温度传感器使用说明书。

第四步:接线如图 4-21 所示。

采用二线制电流信号输入接线,A 表示地,B 表示信号输入。

注:DDC 的 AI 端口只能接受电压型信号,因此具体的电路如图 4-22 所示,即需要并接一个 500 Ω 的电阻。

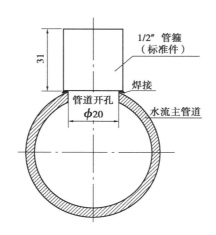

图 4-20　水管道温度传感器 GST-W-1000TA/02050/200
水管道温度传感器安装俯视图

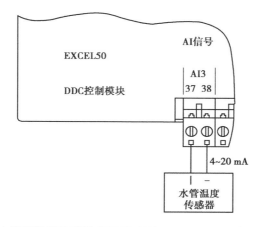

图 4-21　水管道温度传感器 GST-W-1000TA/02050/200 与 DDC 接线图

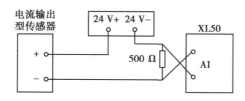

图 4-22　并接 500 Ω 电阻转变成电压输出接线图

二、湿度传感器

在对空调系统运行进行监控过程中,湿度传感器主要安装在风管中,测试制冷或加热后风的湿度。

人类的生存和社会活动与湿度密切相关。随着现代化的发展,很难找出一个与湿度无关的领域来。

(1)湿度的定义

湿度,表示大气干燥程度的物理量。在一定的温度下在一定体积的空气里含有的水汽越少,则空气越干燥;水汽越多,则空气越潮湿。空气的干湿程度称为"湿度"。在此意义下,常用绝对湿度、相对湿度、比较湿度、混合比、饱和差以及露点等物理量来表示。日常生活中所指的湿度为相对湿度,用 RH% 表示,即气体中(通常为空气中)所含水蒸气量(水蒸气压)与其空气相同情况下饱和蒸气量(饱和水蒸气压)的百分比。

(2)分类

湿敏元件是最简单的湿度传感器。湿敏元件主要有电阻式、电容式两大类。

湿敏电阻的特点是在基片上覆盖一层用感湿材料制成的膜,当空气中的水蒸气吸附在感湿膜上时,元件的电阻率和电阻值都发生变化,利用这一特性即可测量湿度。

湿敏电容一般是用高分子薄膜电容制成的,常用的高分子材料有聚苯乙烯、聚酰亚胺、酪酸醋酸纤维等。当环境湿度发生改变时,湿敏电容的介电常数发生变化,使其电容量也发生变化,其电容变化量与相对湿度成正比。湿敏电容的主要优点是灵敏度高、产品互换性好、响应速度快、湿度的滞后量小、便于制造、容易实现小型化和集成化,其精度一般比湿敏电阻要低一些。

(3)封装

湿度传感器由于其工作原理的限制,必须采取非密封封装形式,即要求封装管壳留有和外界连通的接触孔或者接触窗,让湿敏芯片感湿部分和空气中的湿气能够很好地接触。同时,为了防止湿敏芯片被空气中的灰尘或杂质污染,需要采取一些保护措施。目前,主要手段是使用金属防尘罩或者聚合物多孔膜进行保护。

(4)安装

安装方式如图 4-23 所示。

(a)风道式安装方式　　　　(b)三通管道安装方式　　　　(c)壁挂式安装方式

图 4-23　湿度传感器 3 种安装方式

三、温湿度传感器

在空调监控系统的实际应用中,湿度与温度的测量由一体的温湿度传感器完成,如图 4-24 所示。

安装要求如下:

①用于风道及管道温度测量时长度的选择以管道直径的 3/5 为宜。

②测量范围的选择依据被测量在测量上限的 2/3 处左右进行选择。

图 4-24　H7050B1018 温湿度传感器

③探头直立或迎着液体(气体)方向安装,端点位于管道中部。

④新回风温湿度传感器必须在阀前安装。测送风湿度时送风湿度传感器在尽量远离出风口的地方安装。

⑤在选择传感器输出形式时,对于现场有变频设备干扰信号强的场所,适合选择电流型的传感器。DDC 控制箱到传感器的距离比较远时也适合选择电流型的传感器。

⑥传感器接线口必须向下(即为下进线方式)。

风管型温湿度传感器应安装在风管的直管段,如不能安装在直管段,则应避开风管内通风死角的位置安装。

温湿度传感器与 DDC 的连接电路图与温度传感器与 DDC 的连接电路一样。

四、压力传感器

在空调监控系统中,压力的检测主要用于风道静压、供水管压、差压等。大部分的应用属于微压测量,量程范围为 0 ~ 5 000 Pa。

压力传感器是使用最广泛的一种传感器。传统的压力传感器以机械结构型的器件为主,以弹性元件的形变指示压力,但这种结构尺寸大、质量重,不能提供电学输出。随着半导体技术的发展,半导体压力传感器也应运而生。其特点是体积小、质量轻、准确度高、温度特性好。特别是随着 MEMS 技术的发展,半导体传感器向着微型化发展,而且其功耗小、可靠性高,如图 4-25 所示。

（a）平膜压变　　　（b）EPXO压力传感器　　　（c）扩散硅式传感器

图 4-25　常用型压力传感器

(1)接线方法

压力传感器一般有两线制、三线制、四线制,有的还有五线制。

压力传感器两线制比较简单,一般客户都知道怎么接线,一根线连接电源正极,另一根线也就是信号线经过仪器连接到电源负极,这种是最简单的。压力传感器三线制是在两线制基础上加了一根线,这根线直接连接到电源的负极,较两线制麻烦一点。四线制压力传感器肯定是两个电源输入端,另外两个是信号输出端。四线制的多半是电压输出而不是 4 ~ 20 mA 输出,4 ~ 20 mA 的称为压力变送器,多数做成两线制。压力传感器的信号输出有些没有经过放大,满量程输出只有几十毫伏,而有些压力传感器在内部有放大电路,满量程输出为 0 ~ 2 V。至于怎么接到显示仪表,要看仪表的量程是多大,如果有和输出信号相适应的档位,可以直接测量,否则要加信号调整电路。五线制压力传感器与四线制相差不大,市面上五线制的传感器也比较少。压力传感器与控制器的接线方式如图 4-26 所示。

(2)安装要求

如果将传感器强行安装在过小的孔或形状不规则的孔中,就有可能造成传感器的震动膜

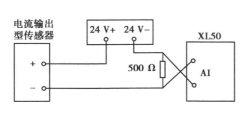
（a）电流输出型压力传感器并接电阻形式

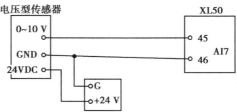
（b）电压输出型压力传感器

图 4-26　压力传感器与控制器的接线方式

受到冲击而损坏,选择合适的工具加工安装孔,有利于控制安装孔的尺寸,另外,合适的安装扭矩有利于形成良好的密封。

①水管型压力与压差传感器的取压段大于管道口径的 2/3 时可安装在管道的顶部,如取压段小于管道口径的 2/3 时应安装在管道的侧面或底部。

②水管型压力与压差传感器的安装位置应选在水流流束稳定的地方,不宜选在阀门等阻力部件的附近和水流流束呈死角处以及振动较大的地方。

③水管型压力与压差传感器应安装在温、湿度传感器的上游侧。

④高压水管压力传感器应装在进水管侧,低压水管其压力传感器应装在回水管侧。

五、水流开关

水流开关是用于空调器以及其他水系统的水循环控制、进出水控制、水加热控制、水泵开关控制、电磁阀通断控制或出水断电、出水通电控制等过程,当达到一定流量后将水流转换为开关式电信号的传感器件。

在一些大型设备和机器中,通常用循环水来进行对机组的冷却,以便使机组的工作温度保证在合理范围。当冷却水系统出现故障时,如果水流停止,则会导致机组温度上升,影响机组正常运转,严重的可能导致烧坏机组。通常情况下,会在冷却水系统的管道中安装一个水流量开关,用来实时监测冷却水的流动状态,一旦冷却水停止流动,水流量开关便发出报警信号送给中控室,以便中控室及时处理,避免事故的发生。

（1）原理

检测流体流动状态的方式很多,一般水流量开关大致分为 3 种:第一种为早期的机械式的流量开关,也称为挡板式流量开关。它的原理是,通过水的流动,推动挡板偏转,然后触动微动开关动作。这种机械式的流量开关优点是使用方便,价格便宜;缺点是机械式结构会出现磨损,在水质不好的情况下,动作不是很稳定。第二种是热式流量开关。它的原理是,液体流动的大小不同,带走的热量不同,通过检测热量损失的大小,可以检测出水的流动情况。这种水流量开关的优点是没有可动部件,不存在磨损的情况,大大增强了其寿命和稳定性;缺点是价格比机械式的稍贵。第三种是压差式流量开关,此类流量开关开创性地根据换热器压降与流量的曲线精确控制流量,且对空调系统不产生任何压降,如图 4-27 所示。

（2）产品特点

流量开关具有灵敏度高、耐久性强等优点。

①检测管路中液体是否流动和流动的量（流量,也就是液体流动压力）是否达到要求,同

（a）挡板式水流开关　　　（b）固定压差式水流开关　　　（c）热式流量开关

图 4-27　水流开关

时靠开关电接点输出（提供）一个信号的通断的状态。

②设备系统靠检测有无信号或控制电流从此开关上通过（水流开关电接点的通、断状态），来判断管路系统的工作状况，给出相应的控制或运行方式或措施。

③举例说明：在中央空调的水循环管网系统、消防系统的自动喷淋灭火系统，某类液体循环冷却系统管路中，都很普遍地用到了水流开关，用来检测液体的流动情况。

（3）安装方法

①水平安装。当安装在水平管道的上端时，应保证介质是满管，以防探头只接触到空气而未接触到介质。

②倒装。当安装在水平管道的下端时，应保证管道底部没有沉淀物，以免探头被沉淀物覆盖而无法与探头充分接触。

③垂直安装。当垂直安装时，应装在由下至上流动的管段上，如图4-28 所示。

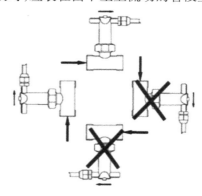

图 4-28　水流开关正确安装图

④水流开关不宜在焊缝及其边缘上开孔和焊接安装。水流开关的开孔与焊接应在工艺管道安装时同时进行，必须在工艺管道的防腐和试压前进行。

⑤水流开关安装应注意水流叶片与水流方向。

⑥水流叶片的长度应大于管径的 1/2。

⑦选用 RVV 或 RVVP2×1.0 线缆连接现场 DDC。

（4）与 DDC 的连接电路

与 DDC 的连接电路如图 4-29 所示。

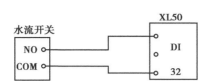

图 4-29　水流开关与控制器连接

六、防冻开关

低温条件下用于保护热交换器、表冷器以及液体工作管路为避免过冷或结冰。该控制器结构紧凑、性能可靠,并且具有回差固定的可调温度设定点,外形如图 4-30 所示。

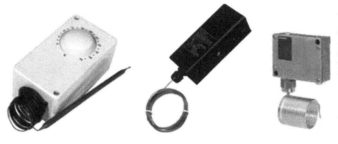

图 4-30　防冻开关

（1）工作模式

当温度下降到刻度盘所设置的温度点时,内部开关断开,直到温度上升到比设定温度高出 4.5 ℃以上,内部开关才重新接通。

（2）安装

将控制器安装于被控制环境的平均温度的墙面上,不要安装在有意外温度影响的冷、热源附近,不要安装在露天墙壁上或者能使感温毛细管超过 80 ℃的环境中。A11D 可以安装在线槽内或者通过后盖上的安装孔用螺钉固定在平面上。如图 4-31 所示。

不可将控制器的感温毛细管弄扁。毛细管凹陷会改变原来的标定结果,会使动作温度低于刻度盘设定值。

注意:在凸凹不平的墙面上安装时,只用顶部的两个安装孔固定。一旦在凸凹不平的墙面安装而用了 4 个安装孔固定,这很可能导致壳体变形从而影响标定值和动作。

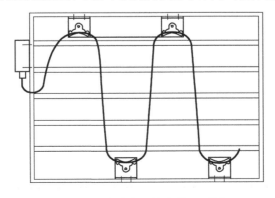

图 4-31　防霜冻开关安装正面图

（3）接线

所有电气连接都要用铜导体并且要遵照 NEC 标准和地方规定。按下列步骤进行接线：

①松开上盖上的螺钉，取下上盖。

②从下面的过线孔将导线穿入。

③将导线分别紧固压在相应的端子上。

④扣好上盖旋紧螺钉。

注意：接线之前一定要切断电源，以免造成电击或设备损坏。选用 RVV 或 RVVP2×1.0 线缆连接现场 DDC，如图 4-32 所示。

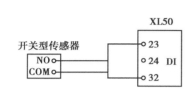

图 4-32　与控制器连接电路原理图

图 4-33　压差开关

七、压差开关

气体压差开关适用于探测气体压力、压差的设备，利用两条管道的压差来发出电讯号。如检测过滤网阻塞报警装置，检测空调机组中风机启/停状态，通风管道中气体监测等。通过旋钮自由设定，完美满足 ARH 机组滤网压差报警要求，如图 4-33 所示。

（1）安装

以 MS604 气体压差安装示意，如图 4-34 所示。

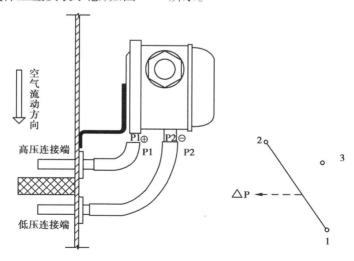

图 4-34　压差开关安装示意图

（2）接线图说明

实际压差小于设定值，触点 1-2 导通。实际压差大于设定值，触点 1-3 导通。

（3）安装位置

安装在振动最小的位置。媒介温度为-15～60 ℃。TP33B的生产校准是在室温下,最好也安装在接近室温环境下。湿度较高的系统中可能发生水汽凝结现象,应注意软管连接管口向下。

（4）注意事项

①如果压差开关安装没有按照上述说明,两个端口向下,则开关点检测压差将偏差20 Pa,这主要是由压差开关的原理决定(压差开关中有一个非常薄的气膜将内部分为两个腔,如果气膜不是垂直安装而是水平安装,则气膜本身的自重将影响气体压差检测)。

②避免电击或损坏设备,移去上盖时应确保电源开关处于关闭状态。

③使用前应完成电线连接并检查连接状态,不正确的连线可能导致此设备永久性损坏。

④在低电流(0.1 A或更小)情况下,电压小于30 V时,建议在电路上连接一个R.C网络。

⑤使用前应配打塑料管的安装孔,并将Z形支架安装在现场(标准配置)。

⑥保证装配面震动最小或没有震动,开关可以直接固定在管道、加热器或面板上。

⑦压力连接位置标注:+(高压)和-(低压或静压)。

注:在空调监控系统中压差开关与DDC的连接电路与水流开关与DDC的连接电路是一样的。

八、调节阀

调节阀又称为控制阀,在工业自动化过程控制领域中,通过接受调节控制单元输出的控制信号,借助动力操作去改变介质流量、压力、温度、液位等工艺参数的最终控制元件。一般由执行机构和阀门组成。在空调系统中常用的调节阀有直通调节阀、三通调节阀、蝶阀等种类,见表4-6。

调节阀由执行机构和调节机构组成,它通过外部调节装置的信号控制阀门的开启度使流经阀门的流量调整。在空调系统上就是在末端设备(盘管)处用二通阀,依据室内恒温器的信号或送风温度的信号,控制执行器的动作,从而推动阀杆使阀芯上下移动,改变阀芯与阀座之间的流通面积,从而实现调节流量的目的,满足用户的要求。

调节阀的安装如下:

①在调节阀的附近管道设置旁通。调节阀需要定期的维护,以检查漏点、噪声、震动、调节范围等,因此,关键的部位应设旁通以保证系统在检修、调节阀关断时能正常运行,如图4-35所示。

②阀门前后直管段的要求。阀门前端水流进口处有10～20倍管道直径的直管段,出口有3～5倍管道直径的直管段。

③执行器的安装。必须保证阀杆垂直升降,执行器必须在阀杆的正上方。另外,阀门必须与其他设备有足够的空间距离以保证维修。调节阀两端设关断阀便于维修时取出调节阀。

④在调节阀的上游加设Y形过滤器,因为管道中含有的杂质可能会破坏阀门的正常运行。

⑤调节阀有方向性,按箭头指示方向安装。

表 4-6　空调系统中常用的调节阀

VB-3000 电动二通阀	电动蝶阀	三通调节阀
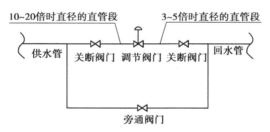		
性能：执行器是由一可逆同步马达驱动，阀门阀杆上行或下行以开闭阀门。执行器在接受控制信号时，可令阀门开启一定开度，并可在没有信号时稳定地停在任何一点	性能：蝶阀启闭件是一个圆盘形的蝶板，在阀体内绕其自身的轴线旋转，从而达到启闭或调节	性能：电动三通阀用于空气调节、热通风、热处理厂的工业和工行业的流体控制

图 4-35　调节阀旁通、直管段安装示意图

⑥通常固定流量的系统阀门安装在盘管的上游，变流量系统阀门应尽量安装在盘管的下游，使盘管始终处于正压状态。阀门安装在上游在关断时盘管可能处于负压，空气会通过盘管小的泄漏点进入盘管，影响盘管的运行效率。

⑦调节阀应靠近需要控制的设备。

⑧支架固定牢靠，设置防止管道伸缩对阀体影响的措施。

九、调节风阀

风量调节阀是工业厂房民用建筑的通风、空气调节及空气净化工程中不可缺少的中央空调末端配件，一般用在空调、通风系统管道中，用来调节支管的风量，也可用于新风与回风的混合调节，如图 4-36 所示。

电动风阀执行器是一种专门用于风阀驱动的电动执行机构。执行器安装在风阀的轴杆上，故又称为联式电动式阀执行器。

图 4-36　电动调节风阀

按控制方式,电动风阀执行器分为开关式与连续调节式两种,其旋转角度为 0° ~ 90° 或 0° ~ 95°;电源为 AC 220 V,AC 24 V 及 DC 24 V,控制信号为 DC 2 ~ 10 V,与 DDC 控制接线图如图 4-37 所示。其特点为:

①不需要限位开关,通过电气实现过载保护,当达到极限位置时,执行器会自动停止,减少执行器的功耗,提高了其可靠性。

②有手动按钮,可以脱开传动机构,以便于对风阀进行手动操作。

③旋转方向可现场选择,便于工程调试。

④有阀位指示器,便于现场检查执行器的工作情况。

⑤安装简便,执行器通过专用万能夹持器直接安装到风阀的驱动轴上。

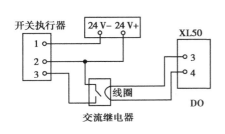
（a）开关型风阀与控制器接线原理图

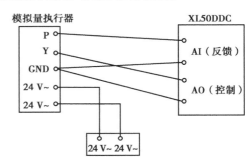
（b）模拟量型风阀与控制器接线原理图

图 4-37　风阀与控制器接线原理图

◆ **任务实施过程**

1. 讲解各类传感器的特点及安装、使用注意事项。

2. 学生到实训室认识现有的各类传感器,通过说明书了解其特点及安装、使用注意事项。

3. 对实训室的传感器进行安装及接线。

4. 完成实训报告。

◆ **问题**

1. 空调运行系统监控组件包括哪些传感器及执行器?

2. 列出空调运行系统各监控组件的特点及安装、使用注意事项。

3. 画出温度、湿度、温湿度传感器与 DDC 控制器的有可能的两种接线原理图。

4. 画出压差开关、水流开关、防冻开关与 DDC 控制器的接线原理图。

5. 画出水阀调节阀及风阀调节阀与 DDC 控制器的接线原理图。

实训任务一　绘制新风系统监控原理图

班级		小组成员		
项目名称	新风空调系统监控原理图绘制		学时	6
实训目的	1. 熟悉新风空调监控原理 2. 熟悉 CARE 软件界面,掌握绘制原理图的基本方法 3. 绘制新风空调监控原理图	实训材料及设备、工具		空调监控模板、计算机、XL50、导线若干
实训内容及效果要求	1. 分析新风空调的工作原理,详细写出新风系统的工作原理 2. 熟练 CARE 软件的基本操作,创建工程、控制器、设备及建立相应的变量 3. 用 CARE 绘制新风空调监控原理图 4. 绘制效果进行登记,并能修改错误的地方			
安全及5S要求	1. 学生不能穿背心、拖鞋等进入实训室 2. 电源开关及空调等由老师或老师指定的同学进行操作 3. 课时结束后,每个小组要整理好自己的实训台,所有导线按颜色进行分类整理 4. 安排值日小组进行实训室全面清洁及规整摆放凳子、台椅等 5. 由科代表进行全面检查 6. 老师负责所有电源的关闭及门、窗的关闭 7. XL50 需要交流 24 V 供电,I/O 模板是 DC 12 V,这点要重点强调			
人员分工				
实训要点(包括步骤、接线图、表格、程序等)	绘制结果: 请写出绘制过程:			
实训总结				
老师评语				

实训任务二 编写空调系统运行的控制回路

班级			小组成员		
项目 名称	新风空调系统运行控制回路		学时		6
实训 目的	1.熟悉新风空调监控原理 2.熟悉 CARE 控制策略的界面,了解基本图标的 作用 3.熟练掌握控制回路的连接 4.对程序进行编译、下载、调试		实训材料及设备、工具		空调监控模板、计算 机、XL50、导线若干
实训内 容及效 果要求	1.分析新风空调的工作原理,详细写出新风系统的工作原理 2.熟练 CARE 软件的基本操作,创建工程、控制器、设备及建立需要的变量 3.根据对空调运行的要求(室内温度 26 ℃),进行控制回路编写 4.对所编写的程序进行编译、下载、调试				
安全及 5S 要求	1.学生不能穿背心、拖鞋等进入实训室 2.电源开关及空调等由老师或老师指定的同学进行操作 3.课时结束后,每个小组要整理好自己的实训台,所有导线按颜色进行分类整理 4.安排值日小组进行实训室全面清洁及规整摆放凳子、台椅等 5.由科代表进行全面检查 6.老师负责所有电源的关闭及门、窗的关闭 7.XL50 需要交流 24 V 供电,I/O 模板是 DC 12 V,这点要重点强调				
人员 分工					
实训要 点(包括 步骤、 接线图、 表格、 程序等)	空调运行要求:根据室内的温度和设定值以及季节的变化来控制泵开大还是开小。 新风空调实训板: 				

续表

一、建立的变量			
变量地址	描述	属性(I/O)	DDC 端口

二、画出控制回路

三、DDC 端口与新风空调实训板的连接图

四、对程序进行编译、下载、运行调试

实训总结	
老师评语	

实训任务三　传感器认识及安装接线

班级		小组成员		
项目名称	传感器认识及安装、与 DDC 连接		学时	6
实训目的	1.认识实训室内常用传感器,熟知其功能 2.对各类传感器能正确进行安装 3.对各类传感器能正确与 DDC 进行连接	实训材料及设备、工具		传感器实训台、DDC、导线若干、螺丝刀等工具
实训内容及效果要求	1.认识实训台上各传感器,熟知其功能 2.通过观察总结各传感器的安装情况,再通过阅读说明书熟知传感器的安装、使用要求、端子特性 3.根据各传感器的端子特性,画出其与 DDC 的连接电路,并按照电路图进行连接			

续表

安全及 5S 要求	1. 学生不能穿背心、拖鞋等进入实训室 2. 电源开关及空调等由老师或老师指定的同学进行操作 3. 课时结束后,每个小组要整理好自己的实训台,所有导线按颜色进行分类整理 4. 安排值日小组进行实训室全面清洁及规整摆放凳子、台椅等 5. 由科代表进行全面检查 6. 老师负责所有电源的关闭及门、窗的关闭 7. XL50 需要交流 24 V 供电,I/O 模板是 DC 12 V,这点要重点强调
人员 分工	
实训要 点(包括 步骤、 接线图、 表格、 程序等)	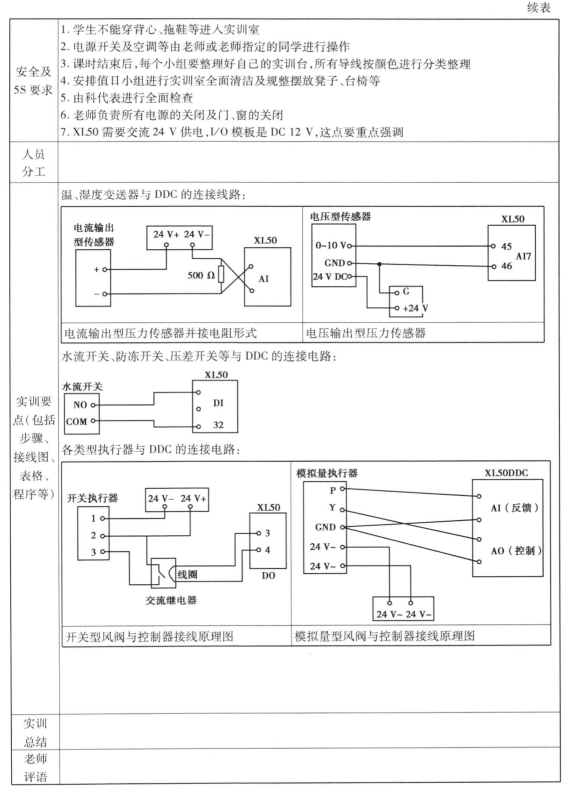
实训 总结	
老师 评语	

99

本章小结

1. 结合制冷相关课程熟悉空调系统的分类及运行原理、硬件设备。
2. 能分析及设计中央空调系统风系统及水系统的监控原理图及点表。
3. 掌握中央空调风系统及水系统监控组件的性能特点、使用要求等。
4. 能应用组态软件 CARE 编制控制中央空调节能运行的控制回路。

项目五

给排水监控系统组态及组件

给排水系统是任何建筑物都必不可少的重要组成部分。一般建筑物的给排水系统包括生活给水系统、生活排水系统和消防给水系统,这些都是楼宇自动化系统重要的监控对象。

任务一 给排水运行系统及硬件结构

◆**目标**

1. 掌握建筑物内部给水系统及排水系统的分类。
2. 掌握建筑物内部给水系统的方式。
3. 掌握变频调速恒压供水原理。

◆**相关知识**

一、建筑内部给水系统的分类

建筑内部给水系统的任务是将城镇给水管网或自备水源给水管网的水引入室内,选用适用、经济、合理的最佳供水方式,经配水管送至室内各种用水点装置和消防设备,并满足用水点对水量、水压和水质的要求。建筑给水排水系统是一个冷水供应系统,按用途基本可分为3类,如下所述。

1. 生活给水系统

供民用、公共建筑和工业企业建筑内的饮用、烹调、盥洗、洗涤、沐浴等生活用水,要求水质必须严格符合国家规定的饮用水质标准。

2. 生产给水系统

因各种生产的工艺不同,生产给水系统种类繁多,主要用于生产设备的冷却、原料洗涤、锅炉用水等。生产用水对水质、水量、水压以及安全方面的要求由于工艺不同,差异很大。

3. 消防给水系统

供层数较多的民用建筑、大型公共建筑及某些生产车间的消防设备用水。消防用水对水质要求不高,但必须按建筑防火规范保证有足够的水量与水压。

二、建筑内部给水系统的给水方式

1. 直接给水方式

当室外给水管网的水量、水压一天内任何时间都能满足室内管网的水量、水压要求时,应充分利用外网压力,采用直接给水方式,建筑内部管网直接在外网压力的作用下工作,如图 5-1 所示。

直接给水方式的特点是:系统最简单,能充分利用外网压力。但室内没有储备水量,外网一旦停水,内部立即断水。

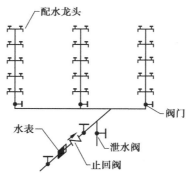

图 5-1 直接给水方式

2. 单设水箱的给水方式

当室外管网的水压周期性变化大,一天内大部分时间室外管网水压、水量能满足室内用水要求,只有在用水高峰时,由于用水量过大,外网水压下降,短时间不能保证建筑物上层用水要求时,可采用单设水箱的给水方式。在室外管网中的水压足够时(一般在夜间),可以直接向室内管网和室内高位水箱送水以供水箱储备水量;当室外管网的水压不足时(一般在白天),短时间不能满足建筑物上层用水要求时,由水箱供水。由于高位水箱容积不宜过大,单设水箱的给水方式不适用于日用水量较大的建筑。

当用户对水压的稳定性要求比较高时,或外网水压过高,需要减压时,也可采用单设水箱的给水方式。这种系统有两种不同的方式:

①引入管与外网管道相连接,通过立管直接送到屋顶水箱,水箱出水管与布置在水箱下面的横干管相连,水箱进水管、出水管上无逆止阀。实际上水箱已成为各用水器具用水的必经之路(相当于外网水的断流箱)。它可保证水箱水随进随出,水质新鲜,又可保证水压稳定,但对防冻、防漏要求高。这种方式的缺点是:水箱储水量要求保证缺水时的最大用水量,否则会造成上、下层同时断水,如图 5-2(a)所示。

②水箱进水、出水合用一根立管,只是在水箱底部才分为两根管,一根为进水管,另一根为出水管。外网水压高时,外网既向水箱供水也向用户供水,外网水压不足时,由水箱补充不足部分。系统要求:水箱出水管要设逆止阀,保证只出不进,以防止水从出水管进入水箱,冲起沉淀物。在房屋引入管上也要设置逆止阀,为了防止外网压力低时,水箱里的水向户外倒流。横干管设在底部,可以充分利用外网水压,并可以简化防冻、防漏措施。缺点是:水箱水用尽时,用水器具水压会受到外网压力影响,如图 5-2(b)所示。

采用这两种给水方式,可充分利用室外管网的水压,缓解供求矛盾,节约投资和运行费

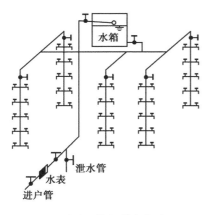

（a）单设水箱的供水方式

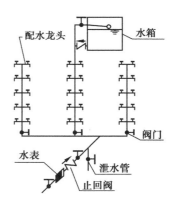

（b）单设水箱的供水方式

图 5-2 设水箱供水方式

用;工作完全自动,无须专人管理。但是采用水箱时,应注意水箱的污染防护问题,以保护水质。水箱容积的确定应慎重,过大,则增加造价和房屋荷载;过小,则可能发生用户缺水,起不到调节作用。

3.设置水泵和水箱的联合给水方式

当室外给水管网的水压经常性低于或周期性低于建筑内部给水管网所需的水压时,而且建筑物内部用水又很不均匀时,可采用设置水泵、水箱联合供水方式。

水泵的吸水管直接与外网连接,外网水压高时,由外网直接供水,外网水压不足时,由水泵增压供水,并利用高位水箱调节流量。由于水泵可以及时向水箱充水,水箱容积可大为减小,使水泵在高效率状态下工作。一般水箱采用浮球继电器等装置,还可以使水泵自动启闭,管理方便,技术上合理,而且供水可靠。

4.设水泵的给水方式

当一天内室外给水管网的水压大部分时间满足不了建筑内部给水管网所需的水压,而且建筑物内部用水量较大又较均匀时,可采用单设水泵增压的供水方式,如图 5-3 所示。

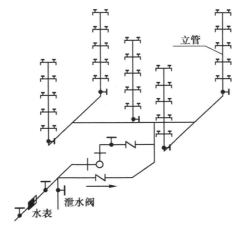

图 5-3 设水泵的供水方式

103

5. 分区供水的给水方式

高层建筑内所需的水压比较大,而卫生器具给水配件承受的最大工作压力,不得大于0.6 MPa,故高层建筑应采用竖向分区供水方式。其主要目的是,避免用水器具处产生过大的静水头,造成管道及附件漏水、损坏,低层出流量大、产生噪声等。如图5-4所示为分区给水方式,室外给水管网水压线以下楼层为低区,由室外管网直接供水,高区或上面几个区由水泵和水箱联合供水。合理确定给水系统竖向分区压力值,主要取决于材料设备承压能力、建筑物的使用要求、维修管理能力等因素。

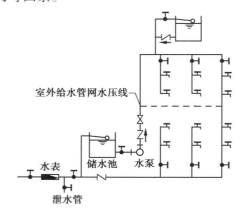

图5-4 分区给水方式

6. 气压给水方式

气压给水方式是利用密闭气压罐的压缩空气,将罐中的水送到用水点的一种增压供水方式,如图5-5所示。

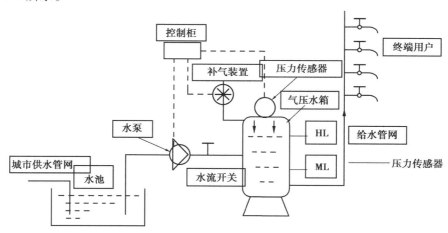

图5-5 气压给水方式

7. 多台水泵组成的变频调速恒压供水方式

多台水泵组成的变频调速恒压供水方式如图5-6所示。

水泵电动机的供电系统由工频电网和变频器提供的变频电源组成,由现场控制器和电控柜实现对水泵的控制。

运行及监控原理:

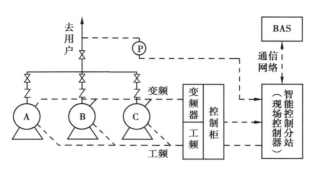

图 5-6　变频调速恒压供水方式

正常运行中,只有一台泵工作在变频调速状态,其他泵处于工频运行或停止状态。

系统投入运行时,由变频器驱动 A 泵首先启动,其转速由零逐渐增加,管网水压逐渐升高。

当需水量增加时,管网压力减小,通过系统调节,变频器输出频率增加,水泵驱动电动机的转速增加,水泵出口流量也增加。当变频器的输出频率增至工频 50 Hz,水压仍达不到设定值时,现场控制器或可编程序控制器发出切换指令,水泵 A 切换至工频电网运行。同时又使水泵 B 接入变频电源软启动运行,以此类推,直到管道水压达到设定值为止。

若所有水泵全部投入,并且都在工频下运行,管道压力仍不能达到设定值时,则 DDC 控制器发出报警信号。

当需水量减少时,供水管道水压升高,通过系统调节,变频器输出频率降低,水泵的驱动电动机的转速降低,水泵出口流量减少。当变频器输出频率减至启动频率时,水压仍高于设定值,可编程序控制器发出指令,将水泵 A 由工频电网切除,水泵 B 仍由工频电网供电,水泵 C 仍由变频器供电,对水压进行调节,维持供水压力的稳定。以此类推,直到水压降至设定值为止。

若需水量又增加时,DDC 仍按原(A—B—C—A)顺序控制水泵的启动运行。

简单来说,就是以供水主管上的压力或管网某结点的压力作为目标值,由智能控制器控制变频器的频率增减及水泵的投入或退出数量,从而实现闭环控制。

三、建筑内部排水系统的分类

建筑内部排水系统根据接纳污、废水的性质,可分为 3 类,如下所述。

1. 生活排水系统

其任务是将建筑内生活废水(即人们日常生活中排泄的污水等)和生活污水(主要指粪便污水)排至室外。我国目前建筑排污分流设计中是将生活污水单独排入化粪池,而生活废水则直接排入市政下水道。

2. 工业废水排水系统

用来排除工业生产过程中的生产废水和生产污水。生产废水污染程度较轻,如循环冷却水等。生产污水的污染程度较重,一般需要经过处理后才能排放。

3. 建筑内部雨水管道

用来排除屋面的雨水,一般用于大屋面的厂房及一些高层建筑雨雪水的排除。

◆**任务实施过程**

1.通过课堂讲解给排水的分类及方式、变频调速恒压供水原理。

2.安全情况下可以带学生查看教学楼的给排水方式,把理论与实践进行结合。

◆**问题**

1.建筑内部给排水有哪些种类?给水有哪些方式?

2.变频调速恒压供水的原理是什么?

3.绘制教学楼给水方式图。教学楼给水属于哪种类型?

任务二 给排水系统的监控

◆**目标**

1.分析给水系统各类监控原理图及点表。

2.分析排水系统监控原理图及点表。

3.掌握 DDC 在监控中的作用。

◆**相关知识**

采用直接数字控制器(DDC)作为监控的控制中心,对水泵、传感器、报警器进行监控。DDC 控制器通过模拟量输入通道(AI)和数字量输入通道(DI)采集计算机的实时数据,并将模拟量信号转变成计算机可接受的数字信号(A/D 转换),然后按照一定的控制规律进行运算,最后发出控制信号,并将数字量信号转变成模拟量信号(D/A 转换),并通过模拟量输出通道(AO)和数字量输出通道(DO)直接控制水泵、传感器、报警器的运行,如图 5-7 所示。

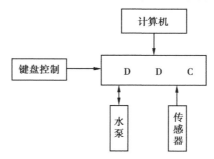

图 5-7　给排水系统结构图

一、给水系统监控

通过管道及辅助设备,按照建筑物和用户的生产、生活和消防需要,有组织地输送到用水点的网络称为给水系统。现代建筑中常见的生活给水的方式有 3 种:高位水箱给水方式、水泵直接给水方式和气压给水方式。

1.高位水箱供水监控

高位水箱供水监控原理如图 5-8 所示,通常的供水系统从原水地取水,通过水泵把水注入高区水箱及中区水箱,再从高位水箱靠其自然压力将水送到各用水点。

高位水箱给水系统的监控内容:

①液位的检测通过压力传感器干簧管式液位开关。

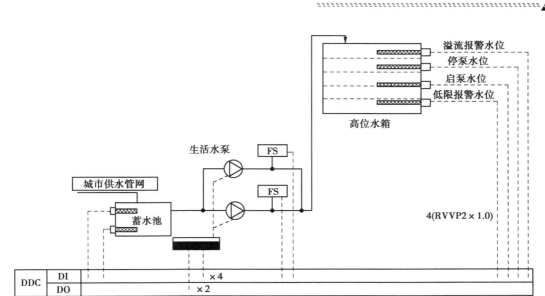

图 5-8 高位水箱供水监控原理图一

②生活水泵的启/停控制。

启泵水位(DI)→DDC→(DO)生活水泵动力控制柜主接触器控制回路。

停泵水位(DI)→DDC→(DO)生活水泵动力控制柜主接触器控制回路。

③水泵运行状态、故障状态的监控。

运行状态:生活水泵动力控制柜主接触器的辅助触点(DI)→DDC or 水流开关 FS 的状态(DI)→DDC。

故障状态:生活水泵动力控制柜热继电器的辅助触点(DI)→DDC→报警、启动备用泵。

生活水泵手动/自动状态:动力控制柜万能开关的位置。

④报警。

水箱溢流水位(DI)→DDC→报警、停泵。

水箱低限水位(DI)→DDC→报警、启泵。

蓄水池的溢流水位(DI)→DDC→报警。

蓄水池的低限水位(DI)→DDC→报警。

⑤设备运行时间的累计。DDC 累计水泵运行时间,每次优先启动累计运行时间少的水泵,延长设备的使用寿命。

⑥监控点表,见表 5-1。

表 5-1　高位水箱供水方式监控点表

控制点描述	AI	AO	DI	DO	接口位置
水箱溢流报警水位			1		液位开关
水箱低限报警水位			1		液位开关
生活水泵启泵水位			1		液位开关
生活水泵停泵水位			1		液位开关
蓄水池的溢流水位			1		液位开关

续表

控制点描述	AI	AO	DI	DO	接口位置
蓄水池的低限水位			1		液位开关
生活水泵手动/自动状态			1		动力柜控制电路
生活水泵启/停控制				4	DDC 的数字输出到动力柜控制电路
生活水泵运行状态			2		生活水泵动力柜控制电路接触器辅助触点(or 水流指示器)
生活水泵故障状态			2		生活水泵动力柜热继电器的辅助触点
水流开关			2		水流开关的状态输出
总　计	0	0	13	4	

高位水箱供水系统监控原理的另一种方式如图 5-9 所示。

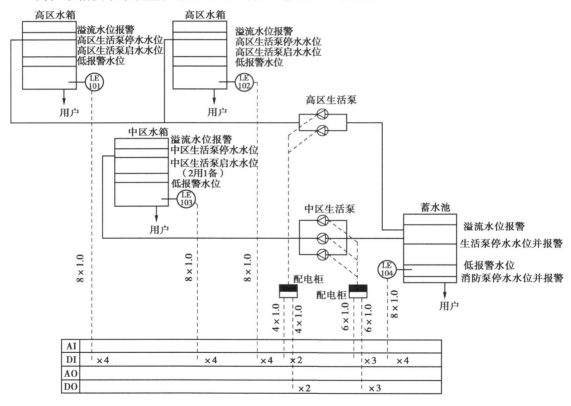

图 5-9　高位水箱供水监控原理图二

2. 分区供水监控

分区供水监控原理,如图 5-10 所示。

3. 气压罐给水监控

气压罐给水监控原理如图 5-11 所示,给水监控点表见表 5-2。

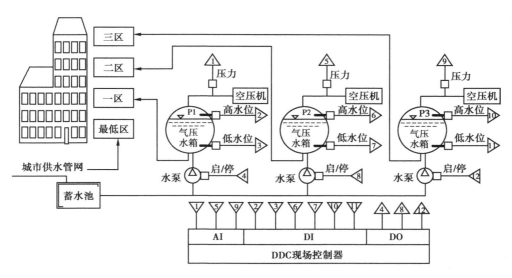

图 5-10 分区供水监控原理图

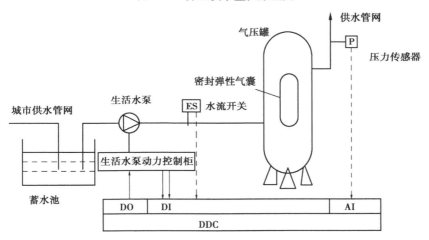

图 5-11 气压罐给水监控原理图

表 5-2 气压罐给水监控点表

控制点描述	AI	AO	DI	DO	接口位置
蓄水池最高水位			1		液位传感器
蓄水池最低水位			1		液位传感器
生活水泵启泵水压	1				用水管式压力传感器
生活水泵停泵水压	1				用水管式压力传感器
生活水泵运行状态			2		水流开关 动力柜控制电路接触器辅助触点
生活水泵故障报警			1		动力柜热继电器辅助触点
生活水泵手动/自动状态			1		动力柜控制电路万能开关的位置
生活水泵启/停控制				1	DDC 的数字输出接口到动力柜控制电路
总　计	2		6	1	

4. 注意事项

①高、中区水箱水位还设有上上限及下下限,即溢流水位及低报警水位。

②当水箱水位到达上上限水位时,说明水泵在水箱水位到达上限时没有停止,此时上上限水位开关发出溢流水位报警信号送到 DDC 报警。

③当水箱水位到达低报警水位时,说明水泵在水箱水位到达下限时没有开启,此时下下限水位开关发出低位报警信号送到 DDC 报警。

④当发生火灾时,蓄水池水位低于消火栓泵停泵水位,则信号送入 DDC,DDC 输出信号自动控制消火栓泵停止运行。

二、排水系统监控

排水系统的主要设备有:排水水泵、污水集水井、废水集水井等。

1. 排水系统监控的功能

①污水集水井和废水集水井水位监测及超限报警。

②根据污水集水井与废水集水井的水位,控制排水泵的启/停。当水位达到高限时,联锁启动相应的水泵;当水位达到超高限时,联锁启动备用泵,直到水位降至低限时联锁停泵。

③排水泵运行状态的检测以及发生故障时报警。

建筑内排水系统的监控原理如图 5-12 所示。智能楼宇排水监控系统通常由水位开关、水流开关来反映系统的工作状态送入 DDC 的 DI 端口。

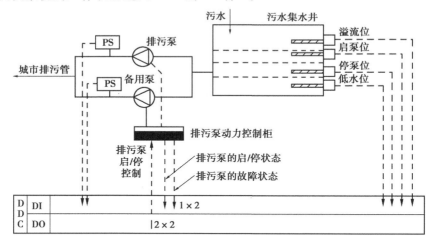

图 5-12　建筑内排水系统监控原理图

2. 监控的内容

①排污泵的启/停控制。

液位(DI)→DDC→(DO)排污泵动力控制柜主接触器控制回路。

停泵液位(DI)→DDC→(DO)排污泵动力控制柜主接触器控制回路。

②排污泵运行状态、故障状态的监控。

运行状态:排污泵动力控制柜主接触器的辅助触点(DI)→DDC。

　　　　　or 水流开关 FS 的状态(DI)→DDC。

故障状态:排污泵动力控制柜热继电器的辅助触点(DI)→DDC→报警。

③报警

污水集水井溢流液位(DI)→DDC→报警、启双泵排污。

污水集水井低限液位(DI)→DDC→报警、停泵。

④设备运行时间的累计。DDC 累计水泵运行时间,每次优先启动累计运行时间少的水泵,延长设备的使用寿命。

⑤监控点表见表5-3。

表 5-3　建筑内排水系统监控点表

监测、控制点描述	AI	AO	DI	DO	接口位置
污水集水井启泵液位			1		液位传感器的状态输出
污水集水井停泵液位			1		液位传感器的状态输出
污水集水井溢流报警液位			1		液位传感器的状态输出
污水集水井低限报警液位			1		液位传感器的状态输出
排污泵手动/自动状态			1		动力柜控制电路
排污泵的启/停控制				4	DDC 的数字输出接口到排污泵动力控制柜主接触器控制回路
排污泵的运行状态			2		排污泵动力控制柜主接触器的辅助触点
排污泵的故障状态			2		排污泵动力控制柜热继电器的辅助触点
水流开关			2		水流开关的状态输出
总　计			11	4	

◆ **任务实施过程**

1.在课堂上分析给水各种方式的监控原理图和监控点表。

2.学生也能进行分析,特别是开关量传感器与模拟量传感器连接到 DDC 控制器端口的区别,把监控原理图与点表进行结合分析。

3.到实训室,分析实训台对给排水的监控原理图及点表。

◆ **问题**

1.抄画高位水箱供水监控原理图(方式二),并写出其点表。

2.抄画建筑内排水系统监控原理图及其点表。

3.画出实训室给排水监控原理图及点表。

任务三　给排水系统的开关逻辑

◆ **目标**

1.掌握 CARE 组态软件中开关逻辑的功能。

2.掌握 CARE 组态软件中编写开关逻辑的要求、基本方法。

3.掌握 CARE 组态软件中逻辑图标的功能。

4. 能写出实训室给排水监控要求的开关逻辑。

◆ **相关知识**

给排水系统中涉及多台泵的启/停控制及一些水位开关量的监测,这部分可用组态软件中的开关逻辑来实现。开关逻辑比控制策略有更高的优先级。当开关逻辑进行控制的时候,控制策略就不起作用。只有当开关逻辑释放了这个点后,控制策略才起作用。

一、主要内容

①开关逻辑主窗口(分区与功能)。
②开关表描述(逻辑与、逻辑或以及时间延迟)。
③创建开关表(行列的添加、删除)。

二、开关逻辑工具栏的功能

开关逻辑工具栏的功能见表5-4所示。

表5-4　开关逻辑工具功能表

图　标	功　能
ROU	删除开关表中的一行,不能删除第一行
COL	在开关表的右边添加一列
COL	删除开关表中的列
DELAY	给开关表的输出加一个时间延迟
DELAY	删除开关表中的时间延迟
MATH	设计一个数学公式控制一个值
XOR	将开关表中的逻辑或表改变为异或表,只有一列为真时,输出结果才为真。在一般的逻辑或表中,只要有一列为真,输出结果就为真
XOR	给一个异或表加一个新行
XOR	在异或表中删除一个行

三、开关表描述

开关表包括行和列。每一行代表一个点或者一个输出情况,包括用户地址、值和切换状态。

1. 第一行(结果行)

表中的第一行表示需要的输出结果,如图5-13所示。

如:下面一行表示在满足下面的开关表条件后延迟30 s启动送风机,如图5-14所示。

结果行的点必须是一个输出点、虚拟点或标志位点。对于数字点输出,结果可以是1或

MaDmpr 输出点用户地址	时间延迟	0.00输出值

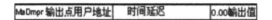

图 5-13　开关逻辑第一行及详解

SaFan	Te=30s	1

图 5-14　开关逻辑第一行(针对开关量输出)

0,对应数字量输出的两个状态;对于模拟量输出,结果是一个值。比如阀门开度可以是 0 ~ 100 的值,下面一行表示满足开关表时将水阀开到 100%,如图 5-15 所示。

HtgVlv		100.000

图 5-15　开关逻辑第一行(针对模拟量输出)

直接点击输出点的三角符号或者调出一个虚拟点或标志位点,可以创建第一行,或者从库里调出保存为宏的开关逻辑表指派到设备上。

2. 后继行(条件行)

表中结果行以下的各行定义了实现输出结果所需的条件。

(1)“与”逻辑

CARE 软件规定后继行必须使用“与”逻辑来实现结果行命令。只有这些条件都为真时才能给结果行输出命令。如图 5-16 所示表示如果送风机启动 30 s 且排风温度大于或等于 20 ℃时,启动回风机。

RET_FAN		1
STATUS_FAN_SUP	Te=30s	1
DISCH_AIR_TEMP	>=	1
17.0	3.0	

图 5-16　风机运行“与”逻辑表

图 5.16 中的 3.0 表示在值 20 ℃的基础上创建一个 3 ℃的死区,避免由于排风温度的变化而频繁启停回风机。即,温度低于 17 ℃时才能使条件表无效。

在真值表中的“1”和“0”有特定的含义。通常定义:0 为关闭;1 为启动。

一个数字点在开关表中占一行,模拟点占两行。模拟点的第一行包括用户地址和比较符号(如大于等于),第二行包括设定值和死区。最后一列两种点都是开关状态。

注意:一个开关表最多可以包含 11 个数字量或 5 个模拟量制约条件。开关表只能伸展到窗口的最下方。开关表中可以数字点条件和模拟点条件混合使用。

(2)“或”逻辑

在开关中可以使用“或”逻辑。“或”逻辑表示只要有一个条件是真,CARE 软件就能给结果行发出命令。如图 5-17 所示如果送风机开启 30 s 后或者如果排风温度大于或等于 20 ℃就启动回风机。对一个输出结果,最多可以定义 10 个“或”逻辑。

RET_FAN		1	
STATUS_FAN_SUP	Te=30s	1	-
DISCH_AIR_TEMP	>=	-	1
17.0	3.0		

逻辑或

图 5-17　风机运行“或”逻辑

四、时间延迟

考虑到实际工程中,比如多台设备同时启动会对电力提出很高的要求,我们可以设计一些时间延迟程序,让设备依次启动。延迟程序包括开延迟、关延迟以及周期性延迟。

1. 启动延迟

如图 5-18 所示表示启动延迟时序图,对应的开关逻辑表如图 5-19 所示。

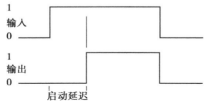

图 5-18　启动延迟时序图

Extract_fan_cmd	Te=30s	1	
Supply_fan_cmd	Te=20s	1	-
Analog_condition	>=	1	-
0	0		
Supply_fan_status	Te=10s	1	-
Manual_override		-	1
		Te 15s	

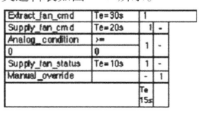

图 5-19　启动延迟开关逻辑

Supply_fan_cmd 必须持续为 ON 至少 20 s 后使得开关表中相应的列为 1,Analog_condition 为真(模拟量条件不能人为设置延迟)使得表中值为 1,Supply_fan_status 必须持续 10 s 使得表中值为 1,所有这些与条件必须同时满足且持续 15 s 后,系统给 Extract_fan_cmd 发出 ON 命令,但是 Extract_fan_cmd 需要延迟 30 s 后才能真正启动。在另一种情况下,采用手动启动方式,Manual_override 为 1 时,延迟 30 s 后启动回风机。

2. 输出延迟

如图 5-20 所示表示输出延迟时序图,如图 5-21 所示表示输出延迟功能的逻辑表。

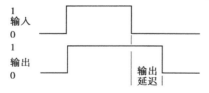

图 5-20　输出延迟时序图

Extract_fan_cmd		1
Supply_fan_status	Ta=10s	1

图 5-21　输出延迟开关逻辑表

Supply_fan_status 为 ON 时,Extract_fan_cmd 启动 Supply_fan_status 持续 10 s 为 OFF 状态时,系统发出 OFF 信号关闭回风机。

3. 周期性循环

如图 5-22 所示表示周期性循环时序图,如图 5-23 所示表示周期性循环功能的逻辑表。

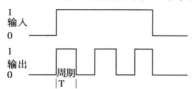

图 5-22　周期性循环时序图

Filter_cleaner	Tv=60s	1
Supply_fan_cmd		1
Return_fan_cmd		1

图 5-23　周期性循环开关逻辑表

如果送风机命令为 ON 且回风机命令也为 ON 时,过滤清洁器打开运行 60 s 后,关闭 60 s,如此周期性转换状态。

注:在开关逻辑表中 Ta 与 Te,Tv 间的区别。

时间延迟可以加在结果行,也可以加在条件行中,表示不同的含义。加在结果行中,表示延迟一段时间执行开关表输出结果。加在条件行中,表示该点要维持设定状态一段时间后该条件才有效。

例:以高位水箱供水监控要求为例进行开关逻辑编写。

(1)监控要求

启泵:启泵水位(DI)→DDC→(DO)生活水泵动力控制柜主接触器控制回路。

停泵:停泵水位(DI)→DDC→(DO)生活水泵动力控制柜主接触器控制回路。

运行状态:生活水泵动力控制柜主接触器的辅助触点(DI)→DDC or 水流开关 FS 的状态(DI)→DDC。

故障状态:生活水泵动力控制柜热继电器的辅助触点(DI)→DDC→报警。

(2)基本创建及开关逻辑程序

基本创建及开关逻辑程序如图 5-24 所示。

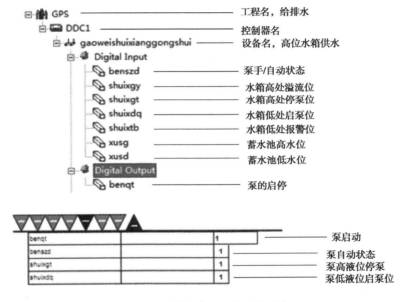

图 5-24　基本创建及开关逻辑程序

◆**任务实施过程**

1.到实训室,根据 CARE 实训台数,学生分小组进行教学。

2.通过演示开关逻辑的启动、界面区域及图标功能使学生掌握基本的操作。

3.根据实训室给排水具体的控制要求,编写相应的开关逻辑,并进行仿真。

4.学生完成实训报告,并写出实训心得。了解学生对开关的掌握情况,如需要,则需进行反复演示、讲解操作。

◆**问题**

完成实训报告。

任务四　给排水监控系统组件

◆ **目标**

1. 能结合给排水监控原理图分析监控组件及组件输出信号类型等。

2. 对给排水监控组件的性能特点、使用要求及连接电路的掌握。

3. 能区别各类液位开关及液位开关与液位变送器(传感器)的使用区别。

4. 能通过说明书了解不同品牌的继电器触点类型及理解本任务中的"电机(水泵)控制原理图"。

◆ **相关知识**

给排水监控系统的组件是实现对给排水系统正确运行的监控。主要是传感器及执行器。传感器主要有水流开关、液位开关、液位传感器,继电器;执行器主要有交流接触器。

一、传感器

1. 水流开关

水流开关可以感知管路中液体流量的变化,向外提供开关信号及反映液体流动状态。

水流开关性能及参数详见项目四任务四。

2. 液位开关

液位开关,也称为水位开关、液位传感器。顾名思义,就是用来控制液位的开关。从形式上主要分为接触式和非接触式。

常用的非接触式开关有电容式液位开关,接触式的浮球式液位开关应用最广泛。随着技术的发展也出现了射频导纳物位开关。

(1)电容式液位开关

电容式液位开关是采用侦测液位变化时所引起的微小电容量(通常为 PF)差值变化,并由专用的 ADA 电容检测芯片进行信号处理(可以输出多种信号通信协议,如 IO,BCD,PWM,UART,IIC,…),从而检测出水位,并输出信号到输出端。

电容式液位检测的最大优势在于可以隔着任何介质检测到容器内的水位或液体的变化,大大扩展了实际应用,同时有效避免了传统液位检测方式的稳定性、可靠性差的弊端。

在某些特殊领域不能检测的问题,使用内置 MCU 双核处理的 ADA 电容检测芯片的电容式液位开关,可以实现很多特殊控制功能,甚至实现更多的集成化、智能化水位检测功能,诸如太阳能热水器、咖啡壶等应用中掉电后的水位变化也能可靠检测当前水位。电容式液位检测是目前液位开关中最有优势的检测方法。

(2)浮球开关

浮球液位开关是利用微动开关做接点输出。当水平面以上扬线角度超过28°时,浮球液位开关内部的钢珠会滚动压到微动开关或脱离微动开关,使液位开关 ON 或 OFF 的接点信号输出。也有另一类浮球液位开关,利用水银开关做接点输出,当液位上升接触浮球时,浮球以重锤为中心随水位上升角度变化。当水面以上扬线角度超过10°时,液位开关便会有 ON 或 OFF 的接点信号输出,如图 5-25 所示。

图 5-25　各种浮球开关

浮球开关的主要特点：

①使用微动开关做接点输出,接点容量 10 A/250 V AC 可直接启动电机设备。

②欧规(HAR)橡胶电缆,耐候性佳、价格低、使用寿命长。

③构造简单、不需保养、污水净水皆可使用。

④电缆线≤20 m 的长度皆可订制。

浮球开关的工作原理如图 5-26 所示。

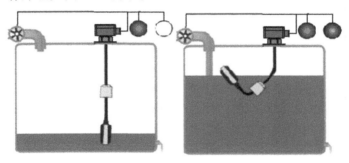

图 5-26　浮球开关工作示意图

浮球在不同位置时,接点状态不同(通与不通)。

(3)射频导纳物位开关

射频导纳物位开关具有高灵敏度,高检测、高控制精度,高可靠性及高稳定性。

射频导纳物位开关的外形结构如图 5-27 所示。

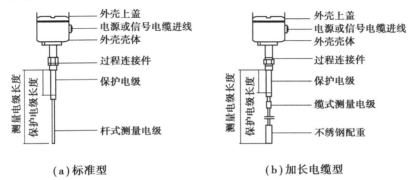

(a)标准型　　　　　　　　　　(b)加长电缆型

图 5-27　射频导纳物位开关外形结构图

射频导纳物位开关的安装方式如图 5-28 所示。

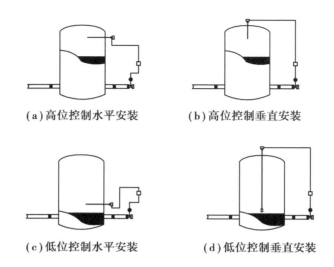

（a）高位控制水平安装　　　（b）高位控制垂直安装

（c）低位控制水平安装　　　（d）低位控制垂直安装

图 5-28　射频导纳物位开关安装方式图

3. 液位传感器

液位传感器（静压液位计/液位变送器/液位传感器/水位传感器）是一种测量液位的压力传感器。静压投入式液位变送器是基于所测液体静压与该液体的高度成比例的原理，采用国外先进的隔离型扩散硅敏感元件或陶瓷电容压力敏感传感器，将静压转换为电信号，再经过温度补偿和线性修正，转化成标准电信号（一般为 4~20 mA/1~5 V DC）。

（1）分类

①接触式：包括单法兰静压/双法兰差压液位变送器、浮球式液位变送器、磁性液位变送器、投入式液位变送器、电动内浮球液位变送器、电动浮筒液位变送器、电容式液位变送器、磁致伸缩液位变送器、侍服液位变送器等，如图 5-29 所示。

静压投入式液位变送器（液位计）适用于石油化工、冶金、电力、制药、供排水、环保等系统和行业的各种介质的液位测量。精巧的结构、简单的调校和灵活的安装方式为用户的使用提供了方便。4~20 mA,0~5 V,0~10 mA 等标准信号输出方式由用户根据需要任选。利用流体静力学原理测量液位，是压力传感器的一项重要应用。采用特种的中间带有通气导管的电缆及专门的密封技术，既保证了传感器的水密性，又使得参考压力腔与环境压力相通，从而保证了测量的高精度和高稳定性。

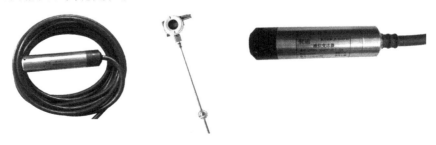

图 5-29　典型液位传感器

②非接触式：分为超声波液位变送器、雷达液位变送器等。超声波液位传感器集非接触开关、控制器、变送器 3 种功能于一身，适用于小型储罐，EchoPod 超声波液位传感器灵活的设

计可以应用于综合系统或者替代浮球开关、电导率开关和静压式传感器,也适用于流体控制和化工供料系统的综合应用,超声波液位传感器对于机器,刹车等设备的小储罐的应用也是很好的选择,PVDF 的传感器可以适用于泥浆、腐蚀性介质,超声波液位传感器广泛应用于各种常压储罐、过程罐、小型罐和小型容器、泵提升站、废水储槽等,如图 5-30 所示。

图 5-30　超声波液位传感器

（2）安装注意事项

液位传感器安装需要注意以下事项,液位传感器安装正确与否,对整个测量过程有着重要的作用。

第一,液位传感器的导压管内的液柱压头应保持平衡。

第二,抗御变送器和氧化性或过热的被测介质。

第三,导压管要尽量短一些。

第四,抗御垃圾在导压管内聚积。

第五,导压管应安设在温度梯度小,无冲击和无振动的中央。

第六,液位传感器因为其量程小,安设位置一致而受力不平均引起压力的变化。

4.继电器

继电器是一种电子控制器件,它具有控制系统（又称为输入回路）和被控制系统（又称为输出回路）,通常应用于自动控制电路中,它实际上是用较小的电流去控制较大电流的一种“自动开关”,故在电路中起着自动调节、安全保护、转换电路等作用。电磁继电器是一种常见的继电器,常见的结构如图 5-31 所示。

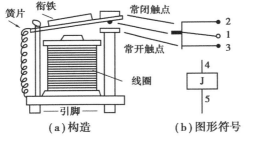

（a）构造　　　（b）图形符号　　　（c）底视引脚图

图 5-31　继电器内部示意图

继电器的工作原理是:当继电器线圈通电后,线圈中的铁芯产生强大的电磁力,吸动衔铁带动簧片,使触点 1,2 断开;1,3 接通。当线圈断电后,弹簧片复位,使触点 1,2 接通;1,3 断开。把需要控制的电路接在触点 1,2 间或触点 1,3 间,就可以利用继电器达到某种控制的目的。

继电器线圈的工作电压有 3 V,6 V,9 V,12 V 等多种规格。吸合时线圈中通过的电约为50 mA,触点间允许通过的电流达 1 A(250 V)。

以欧姆龙继电器为例,如图 5-32 所示。

触点关系,常开、常闭关系图（以 MY4N 为例）,如图 5-33 所示。

说明:13,14 间是线圈,带发光二极管。

图 5-32　欧姆龙继电器

图 5-33　触点关系图

1,9;2,10;3,11;4,12 间是常闭,即有 4 对常闭。

5,9;6,10;7,11;8,12 间是常开,即有 4 对常开。

在楼控系统中,常开或常闭点连接到 DDC 的 DI 端口,进行反馈信号。

线圈端口接到 DDC 的 DO 端口。

5. 水泵

水泵是输送液体或使液体增压的机械。它将原动机的机械能或其他外部能量传送给液体,使液体能量增加,主要用来输送液体,包括水、油、酸碱液、乳化液、悬乳液和液态金属等,也可输送液体、气体混合物以及含悬浮固体物的液体,水泵如图 5-34 所示。

图 5-34　水泵

水泵监控信号采自水泵的强电控制柜,泵运行状态信号采自强电控制柜中继电器辅助触点,故障状态信号采自热保护继电器辅助触点,手自动信号采自转换开关(DI 均为无源常开点)。

配电柜需提供远程启停端子。DDC 模块开关量输出 DO 端口的最大耐压为 AC 220 V,最大分断电流为 5 A。

(1)生活水泵的启/停控制

启泵水位(DI)→DDC→(DO)生活水泵动力控制柜主接触器控制回路。

停泵水位(DI)→DDC→(DO)生活水泵动力控制柜主接触器控制回路。

(2)给水泵运行状态、故障状态的监控

运行状态:生活水泵动力控制柜主接触器的辅助触点(DI)→DDC or 水流开关 FS 的状态(DI)→DDC。

故障状态:生活水泵动力控制柜热继电器的辅助触点(DI)→DDC→报警、启动备用泵。

生活水泵手动/自动状态:动力控制柜万能开关的位置。

(3)排污泵的启/停控制

启泵液位(DI)→DDC→(DO)排污泵动力控制柜主接触器控制回路。

停泵液位(DI)→DDC→(DO)排污泵动力控制柜主接触器控制回路。

（4）排污泵运行状态、故障状态的监控

运行状态：排污泵动力控制柜主接触器的辅助触点（DI）→DDC or 水流开关 FS 的状态（DI）→DDC。

故障状态：排污泵动力控制柜热继电器的辅助触点（DI）→DDC→报警、启动备用泵。

排污泵手动/自动状态：动力控制柜万能开关的位置。

对泵控制的电路如图 5-35 所示。

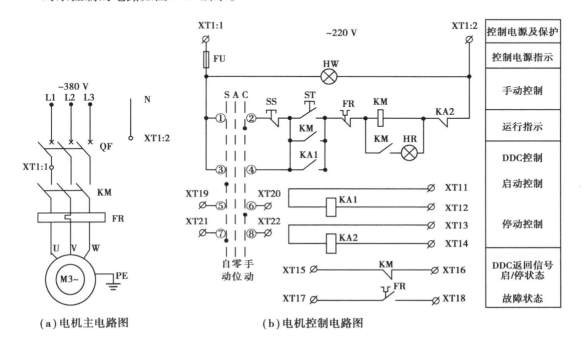

图 5-35 电机（水泵）控制原理电路图

与 DDCEX50 的连接电路如图 5-36 所示。

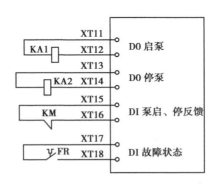

图 5-36 DDC 对电机（水泵）监控原理图

再结合程序进行控制，达到对水泵运行状态监控的目的。

◆**任务实施过程**

1. 讲解各类传感器的特点及安装、使用注意事项。

2. 学生到实训室认识现有的各类传感器，通过说明书了解其特点及安装、使用注意事项。

3. 对实训室的传感器进行安装及接线。

4. 完成实训报告。

◆ 问题

1. 给排水系统监控组件包括哪些传感器及执行器？

2. 列出给排水系统各监控组件的特点及安装、使用注意事项？

3. 画出浮球开关与 DDC 控制器的接线原理图。

4. 对继电器的触点（常开、常闭、线圈）进行认识，在实训室拖动板上安装对电机（水泵）控制电路，并通电进行手动试验。

实训任务一　绘制实训室给排水系统的监控原理图及点表

班级		小组成员		
项目名称	绘制实训室给排水系统的监控原理图及点表	学时		2
实训目的	1. 理能监控原理图 2. 能根据监控原理图写出监控点表	实训材料及设备、工具		给排水实训板
实训内容及效果要求	根据给出的给排水实训板绘制其监控原理图及点表			
安全及5S 要求	1. 学生不能穿背心、拖鞋等进入实训室 2. 电源开关及空调等由老师或老师指定的同学进行操作 3. 课时结束后，每个小组要整理好自己的实训台，所有导线按颜色进行分类整理 4. 安排值日小组进行实训室全面清洁及规整摆放凳子、台椅等 5. 由科代表进行全面检查 6. 教师负责所有电源的关闭及门、窗的关闭 7. XL50 需要交流电 24 V 供电，I/O 模板是 DC 12 V，这点要重点强调			
人员分工				

实训 要点 （包括 步骤、 接线 图、表 格、程 序等）	给排水监控实训板： 一、监控原理图 二、监控点表
实训 总结	
老师 评语	

实训任务二　给排水系统监控开关逻辑编写

班级		小组成员		
项目 名称	给排水系统监控开关逻辑编写	学时		4
实训 目的	1. 理解给排水监控原理图 2. 理解给排水监控要求 3. 熟悉开关逻辑编写界面、各图标功能、开关逻辑 的逻辑控制	实训材料及设备、工具		给排水实训板、计算 机、DDC、导线若干
实训内 容及效 果要求	1. 根据给出的给排水监控原理图及监控要求写出开关逻辑 2. 把 DDC I/O 端口与给排水实训板相应端口进行连接,把 DDC 与计算机串口进行连接 3. 对程序进行编译、下载、运行调试			
安全及 5S 要求	1. 学生不能穿背心、拖鞋等进入实训室 2. 电源开关及空调等由老师或老师指定的同学进行操作 3. 课时结束后,每个小组要整理好自己的实训台,所有导线按颜色进行分类整理 4. 安排值日小组进行实训室全面清洁及规整摆放凳子、台椅等 5. 由科代表进行全面检查 6. 老师负责所有电源的关闭及门、窗的关闭 7. XL50 需要交流 24 V 供电,I/O 模板是 DC 12 V,这点要重点强调			
人员 分工				
实训要 点(包括 步骤、 接线图、 表格、 程序等)	给排水监控实训板: 			

续表

实训要点(包括步骤、接线图、表格、程序等)	监控要求:1.两台泵,优先使用 1 号泵,在 1 号泵出现故障情况下才启用 2 号泵 2.水箱水位:在水位低于 20% 时,启用泵;在水位达到水箱 90% 时,停用泵 3.能对两泵故障进行监测 一、所建变量名称及类型属性

一、所建变量名称及类型属性

变量地址	描述	属性(I/O)	DDC 端口

二、开关逻辑序

三、给水实训板与 DDC 的连接线路图

实训总结	
老师评语	

本章小结

1.结合给排水相关课程熟悉给水、排水方式及性能特点,硬件设备等。

2.能分析及设计给水、排水监控原理图及点表。

3.掌握给排水运行监控组件的性能特点、使用要求等。

4.能用组态软件编制给排水节能运行的开关逻辑。

项目六

智能照明监控系统组态及组件

随着经济的发展和科技的进步,人们对照明灯具节能和科学管理提出了更高的要求,使得照明控制在智能化领域的地位越来越重要。照明控制系统可以与 BA 系统集成,提供与 BA 系统连接的接口协议和软件协议,集成到 BA 系统中,便于楼宇智能化的集中管理和子系统间的联动。

任务一　照明技术及硬件结构

◆ **目标**

1. 掌握照明的具体方式。

2. 掌握照明术语(参数)。

3. 掌握传统照明电路的几种接线方式。

◆ **相关知识**

照明是利用各种光源照亮工作和生活场所或个别物体的措施。利用太阳和天空光的称为"天然采光";利用人工光源的称为"人工照明"。照明的首要目的是创造良好的可见度和舒适愉快的环境。

可见"照明"是一种措施,它包含"天然采光"和"人工照明"。照明是利用人工光或自然光提供人们足够的照度(一般照明),或提供良好的识别(道路照明、广告标示等),特征的强调(建筑照明、重点照明等),或创造舒适的光环境(住宅照明等)、营造特殊的氛围等(商业舞台照明)及其他特殊目的(生化、医疗、植物栽培等)的手段。

一、照明方式

照明方式可分为一般照明、分区一般照明、局部照明和混合照明。其适用原则应符合下列规定:

①当不适合装设局部照明或采用混合照明不合理时,宜采用一般照明。

②当某一工作区需要高于一般照明照度时,可采用分区一般照明。

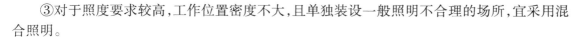

③对于照度要求较高,工作位置密度不大,且单独装设一般照明不合理的场所,宜采用混合照明。

④在一个工作场所内不应只装设局部照明。

二、电光源照明

利用电能做功,产生可见光的光源称为电光源(长方照明)。利用电光源照明,称为电照明。

电照明按发光的方法不同可分为电阻发光、电弧发光、气体发光和荧光粉发光 4 类;按照明使用的性质分为一般照明、局部照明和装饰照明 3 类。

电光源的发光方法:

①电阻发光。这是一种利用导体自身的固有电阻通电后产生热效应,达到炽热程度而发光的方法。如常用的白炽灯、碘钨灯等。

②电弧发光。这是一种利用二电极的放电产生高热电弧而发光的方法。如碳精灯。

③气体发光。这是一种在透明玻璃管内注入稀薄气体和金属蒸气,利用二极放电使气体高热而发光的方法。如钠灯、镝灯等。

④荧光粉发光。这是一种在透明玻璃管内注入稀薄气体或微量金属,并在玻璃管内壁涂上一层荧光粉,借二极放电后利用气体的发光作用使荧光粉吸收再发出另一种光的方法。如荧光灯等。

三、照明术语(参数)

照明术语见表6-1。

表 6-1 照明术语表

名 称	符 号	单 位	单位符号	说 明
光通量	&Oslash	流明	Lm	发光体每秒钟所发出的光量之总和,即发光量
光强	I	坎德拉	cd	发光体在特定方向单位立体角内所发射的光通量
照度	E	勒克斯	Lm/m&sup2	发光体照射在被照物体单位面积上的光通量
亮度	L	nt	cd/m&sup2	发光体在特定方向单位立体角单位面积内的光通量
平均寿命		小时		指一批灯泡点灯至 50% 的数量损坏不亮时的小时数

四、传统典型照明电路

注意:插座分为两孔插座及三孔插座。接线规则:左零右火上地。有金属外壳的用电器一定要接地,接地线与用电器的金属外壳相连,使用三孔插座。开关与电灯接线规则:火线进开关,零线进电灯,灯泡的螺旋套接零线。

①单联开关控制白炽灯接线原理图如图 6-1 所示。

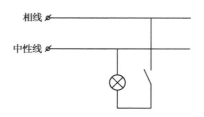

图 6-1 单联开关控制白炽灯接线原理图

②双联开关控制白炽灯原理图如图 6-2 所示。

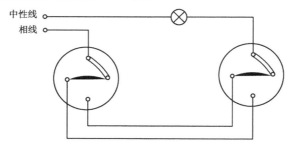

图 6-2 双联开关控制白炽灯接线原理图

③荧光灯电路原理图如图 6-3 所示。

图 6-3 荧光灯电路接线原理图

◆**任务实施过程**

1. 在课堂上讲解关于照明的方式及照明术语(参数)。

2. 在实训室进行两孔插座、三孔插座的安装及接线。

3. 在实训室进行传统照明电路的安装及接线,并通电试验。

◆**问题**

1. 照明的常用术语(参数)有哪些? 具体内容有哪些?

2. 画出单联开关、双联开关控制白炽灯的接线电路图。

3. 画出荧光灯的接线电路图。

4. 完成在实训室进行照明线路安装及接线、通电试验的实验报告。

任务二 智能照明系统的监控

◆**目标**

1. 掌握智能照明控制系统的组成。

2. 掌握各区域照明的监控要求。

3. 能分析照明监控的原理图及写出点表。

4.能分析本任务中照明控制箱继电器接线原理图。

◆ **相关知识**

智能照明控制系统是智能建筑的一个重要组成部分,该系统是根据某一区域的功能、每天不同的时间、室内光亮度或该区域的用途来自动控制照明。智能照明系统应用在智能建筑中,不仅能营造出舒适的生活、工作环境以及现代化的管理方式,还能创造出可观的效果。与传统照明控制系统相比,在控制方式和照明方式上,传统控制采用手动开关,单一控制方式只有开和关,控制模式极为单调;而智能照明控制系统采用"调光模块",通过灯光的调光在不同使用场合产生不同的灯光效果。从管理角度看,智能照明控制系统既能分散控制又能集中管理,同时还能与闭路监控系统集成,形成一体化控制与管理。通过一台计算机就可对整个大楼的照明实现监控与合理的能源管理。智能照明控制系统是一个开放式系统,通过标准接口可方便地与 BAS 连接,实现智能建筑的楼宇自控系统集成。

一、智能照明控制系统的功能

①智能系统设有中央监控装置,对整个系统实施中央监控,以便随时调节照明的现场效果。例如,系统设置开灯方案模式,并在计算机屏幕上仿真照明灯具的布置情况,显示各灯组的开灯模式和开/关状态。

②具有灯具异常启动和自动保护的功能。

③具有灯具启动时间、累计记录和灯具使用寿命的统计功能。

④在供电故障情况下,具有双路受电柜自动切换并启动应急照明灯组的功能。

⑤系统设有自动/手动转换开关,以便必要时对各灯组的开、关进行手动操作。

⑥系统设置与其他系统连接的接口,如建筑楼宇自控系统(BA 系统),以提高综合管理水平。

智能照明控制系统基本组成如图6-4所示。

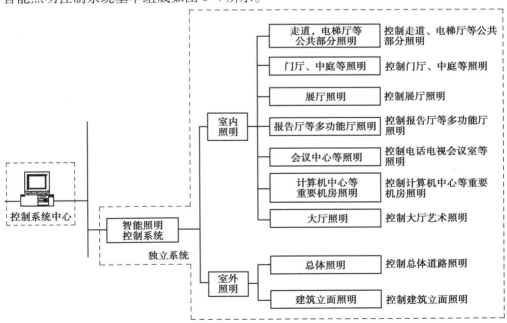

图6-4　智能照明控制系统基本组成

⑦具有场景预设、亮度调节、定时、时序控制及软启动、软关断的功能。随着智能系统的进一步开发与完善,其功能将进一步得到增强。

二、采用智能照明控制系统总的效应

①实现照明的人性化。由于不同的区域对照明质量的要求不同,要求调整控制照度,以实现场景控制、定时控制、多点控制等各种控制方案。方案修改与变更的灵活性能进一步保证照明质量。

②提高管理水平。将传统的开关控制照明灯具的通断,转变成智能化的管理,使高素质的管理意识用于系统,以确保照明的质量。

③节约能源。利用智能传感器感应室外亮度来自动调节灯光,以保持室内恒定照度,既能使室内有最佳照明环境,又能达到节能的效果。根据各区域的工作运行情况进行照度设定,并按时进行自动开、关照明,使系统能最大限度地节约能源。

④延长灯具使用寿命。众所周知,照明灯具的使用寿命取决于电网电压,电网过电压越高,灯具寿命将会成倍地降低;反之,则灯具寿命将成倍地延长,因此防止过电压并适当降低工作电压是延长灯具寿命的有效途径。系统设置抑制电网冲击电压和浪涌电压装置,并人为地限制电压以提高灯具寿命。采取软启动和软关断技术,避免灯具灯丝的热冲击,以进一步使灯具寿命延长。

三、楼宇智能照明的监控

照明区域控制系统的核心是 DCS 分站,一个 DDC 分站所控制的规模可能是一个楼层的照明或是整座楼宇的装饰照明,区域可以按照地域来划分,也可以按照功能来划分。各照明区域控制系统通过通信系统连成一个整体,成为 BAS 的一个子系统,如图 6-5 所示。

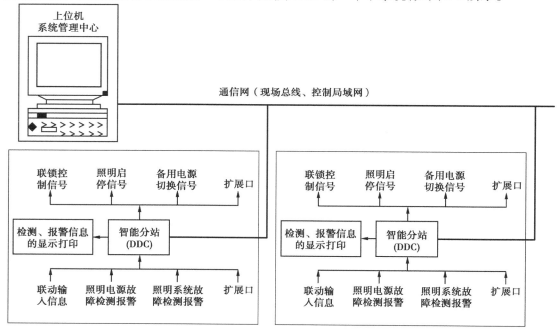

图 6-5　楼宇智能照明的监控

1. 智能照明控制主系统基本结构

智能照明控制主系统是一个由集中管理器、主干线和信息接口等元件构成,对各区域实施相同的控制和信号采样的网络;子系统是一个由各类调光模块、控制面板、照度动态检测器及动静探测器等元件构成的,对各区域分别实施不同的具体控制的网络,主系统和子系统之间通过信息接口等元件来连接,实现数据的传输,如图 6-6 所示。

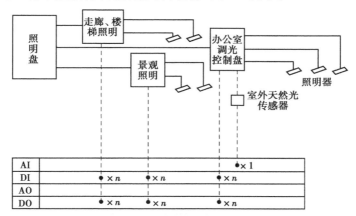

图 6-6　智能照明监控系统基本结构

2. 照明控制系统的性能

①以单回路的照明控制为基本性能,不同地方的控制终端均可控制同一单元的灯。

②单个开关可同时控制多路照明回路的点灯、熄灯、调光状态,并根据设定的场面选择相应开关。

③根据工作(作息)时间的前后、休息、打扫等时间段,执行按时间程序的照明控制,还可设定日间、周间、月间、年间的时间程序来控制照明。

④适当的照度控制。

● 照明器具的使用寿命随着燃点灯的亮度提高而下降,照度随器具污染逐步降低。

● 在设计照明照度时,应预先估计出保养率。新器具开始使用时,其亮度会高出设计照度的 20% ~ 30% ,通过减光调节到设计照度。

● 随着使用时间进行调光,使其维持在设计的照度水平,以达到节电的目的。

● 利用昼光的窗际照明控制。充分利用来自门窗的自然光(太阳光)来节约人工照明,根据日光的强弱进行连续多段调光控制,一般使用电子调光器时可采用 0 ~ 100% 或 25% ~ 100% 两种方式的调光,预先在操作盘内记忆检知的昼光量,根据记忆的数据进行相适应的调光控制。

● 人体传感器的控制。厕所、电话亭等小的空间,不特定的短期间利用的区域,配有人体传感器,检知人的有无,自动控制的通、断,排除了因忘记关灯造成的浪费。

● 路灯控制。对一般的智能楼宇,有一定的绿化空间,草坪、道路的照明均要定点、定时控制。

● 泛光照明控制。

智能楼宇是城市的标志性建筑,晚间艺术照明会给城市增添几分亮丽。但还要考虑节能,因此,在时间上、亮度变化上进行控制。

3.各类区域照明系统的监控

（1）办公室照明系统监控

办公室照明的一个显著特点是白天工作时间长,因此,办公室照明要把天然光和人工照明协调配合起来,达到节约电能的目的。当天然光较弱时,根据照度监测信号或预先设定的时间调节,增强人工光的强度。当天然光较强时,减少人工光的强度,使天然光线与人工光线始终动态地补偿。照明调光系统通常是由调光模块和控制模块组成。调光模块安装在配电箱附近,控制模块安装在便于操作地方,如图6-7所示。

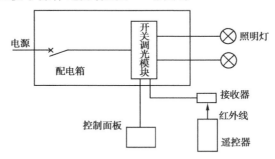

图6-7　办公室照明系统监控示意图

调光模块是一种数字式调光器,具有限制电压波动和软启动开关的作用;开关模块有开关作用,是一种继电输出;调光方法可分为照度平衡型和亮度平衡型;照度平衡是使离窗口近处的工作面与远离窗口处工作面上的照度达到平衡,尽可能均匀一致;亮度平衡是使室内人工照明亮度与窗口处的亮度比例达到平衡,消除物体的影像。因此,在实际工程中,应根据对照明空间的照明质量要求,实测的室内天然光照度分布曲线,选择调光方式和控制方案。

（2）楼梯、走廊等照明监控

楼梯、走廊等照明监控以节约电能为原则,防止长明灯,在下班以后,一般走廊、楼梯照明灯及时关闭。因此照明系统的DDC监控装置依据预先设定的时间程序自动地切断或打开照明配电盘中相应的开关。

（3）障碍照明监控

高空障碍灯的装设应根据该地区航空部的要求来决定,一般装设在建筑物或构筑物凸起的顶端,采用单独的供电回路,同时还要设置备用电源,利用光电感应器件通过障碍灯控制器进行自动控制障碍灯的开启和关闭,并设置开关状态显示与故障报警。

（4）应急照明的启/停控制

当正常电网停电或发生火灾等事故时,事故照明、疏散指示照明等应能自动投入工作。

监控器可自动切断或接通应急照明,并监视工作状态,故障时报警。

例1:智能照明监控原理图一如图6-8所示。

照明盒中可以是继电器等设备,各区域的指示灯、电源通过继电器的常开触点进行连接。DO端口去控制继电器线圈的得电与失电,从而控制各区域的亮/灭状态。同时,继电器也反馈了灯的状态(DI端口)。

例2:智能照明监控原理图二如图6-9所示。

图6-9反映了DDC的DI,DO端口的作用。具体的实现电路也是借助于继电器来实现

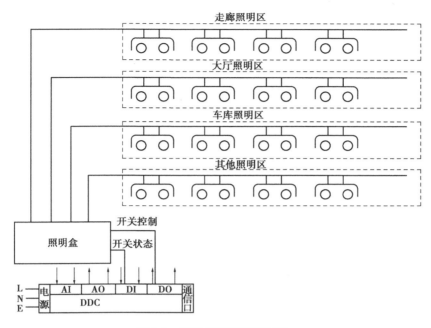

图 6-8 智能照明监控原理图一

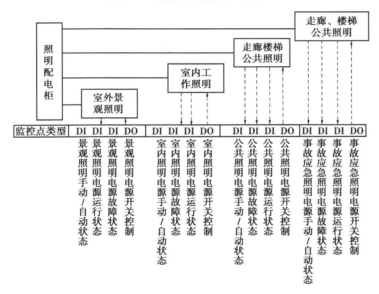

图 6-9 智能照明监控原理图二

的。照明控制箱中继电器接线原理如图 6-10 所示,DDC 控制器接线原理如图 6-11 所示。

◆**任务实施过程**

1. 通过 DDC 及组态软件或别的控制器实现对照明系统的智能控制的演示,让学生了解到对照明进行智能监控的效果及社会实际意义。

2. 识读照明监控系统原理图。

3. DDC 实现对照明监控接线原理图的分析。

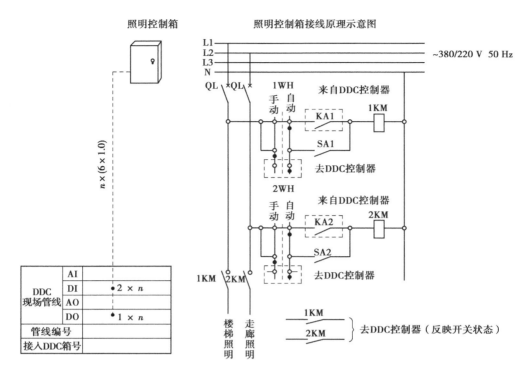

图 6-10 照明控制箱继电器接线原理图

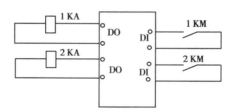

图 6-11 DDC 控制器控制照明接线原理图

◆ 问题

1. 画出"智能照明监控系统的基本结构"图,并写出其点表。

2. 画出"智能照明监控原理图二",并写出其点表。

3. 写出照明控制箱继电器的接线原理,并画出 DDC 控制器控制照明接线原理图。

任务三 智能照明系统的时间程序

◆ 目标

1. 掌握 CARE 时间程序的作用及操作步骤。

2. 能根据监控要求确定时间程序针对的变量。

3. 能建立需要的伪点,进行辅助。

◆ 相关知识

在照明系统中,各灯具的开启是有时段要求的。可用组态软件的时间程序来实现对灯具时段的要求的控制。

通过时间程序,提高设备使用效率。时间程序主要分为日程序、周程序、假日程序以及年程序。日程序列出了点、每日点的动作和时间。将日时间应用于一周(周日到周六)的每一天,可生成系统的周程序,周程序应用于一年的每一周。年程序用一些特殊的日程序来确定时间周期,考虑当地情况,如地方节日和公众假期。

例:照明监控原理如图 6-12 为示例。

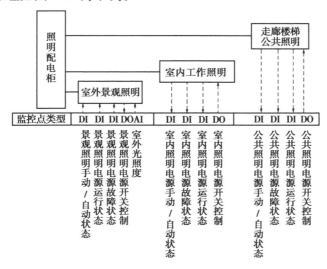

图 6-12　智能照明监控原理图

一、照明要求

室外景观照明要求:在自动、无故障情况下,当室外照度小于 45 lx 时,启动;当照度大于 60 lx 时,关闭。

室内工作照明:在自动、无故障情况下,周一至周五:8:00 启动,18:00 关闭;周六、周日:不启动。

走廊楼梯公共照明:在自动、无故意情况下,周一至周日:18:30 启动,23:30 关闭。

二、时间程序编写

1. 变量点和变量端口

变量点的说明及建立见表 6-2,变量端口分配如图 6-13 所示。

表 6-2　变量名称说明表

序　　号	用户地址	描　　述	属　　性
1	jgszd	景观照明手自动状态	Manual/auto
2	jgxyzt	景观照明运行状态	On/Off
3	jggz	景观照明电源故障状态	Alarm/normal
4	jgqt	景观照明电源启停	On/Off
5	swgzd	室外光照度	Linear Input

续表

序　号	用户地址	描　　述	属　性
6	snszd	室内照明手自动状态	Manual/auto
7	sngz	室内照明电源故障	Alarm/normal
8	snxyzt	室内照明运行状态	On/Off
9	snqt	室内照明电源启停	On/Off
10	zlszd	走廊照明手自动状态	Manual/auto
11	zlgz	走廊照明电源故障状态	Alarm/normal
12	zlxyzt	走廊照明运行状态	On/Off
13	zlqt	走廊照明启停	On/Off
14	snwd	室内伪点	On/Off
15	zzlwd	走廊伪点	On/Off

注：引入了室内照明伪点及走廊照明伪点，是因为编程考虑到室内照明及走廊照明均需加入自动、无故障等条件。通过时间程序去控制伪点的启/停，再通过开关逻辑来实现走廊及室内照明控制。

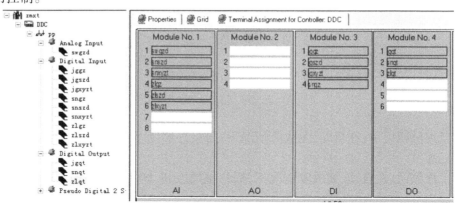

图 6-13　变量端口分配图

2. 时间程序编写

①调用时间程序如图 6-14 所示。

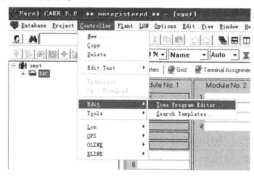

图 6-14　启用时间程序

②时间程序界面如图 6-15 所示。

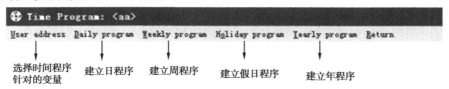

图 6-15 时间程序界面

第一步:确定时间程序针对的变量,如图 6-16 所示。

第二步:编辑启停时间点,如图 6-17 所示。

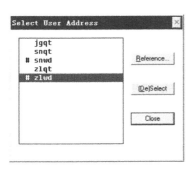

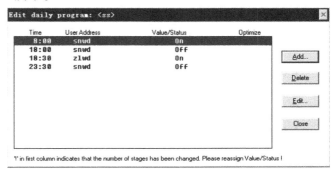

图 6-16 时间程序针对变量 SNWD 及 ZLWD

图 6-17 编辑启停时间点

3. 开关逻辑程序

开关逻辑程序如图 6-18 所示。

(a)走廊照明开关逻辑程序

(b)室内照明开关逻辑程序

(c)室外景观照明开关逻辑程序

图 6-18 开关逻辑程序

137

◆**任务实施过程**

1. 到实训室,根据 CARE 实训台数,学生分小组进行教学。

2. 通过时间程序的启动、建立、变量定义、时间设置等使学生掌握基本的操作。

3. 根据照明的控制要求,编写时间程序,并进行仿真。

4. 学生完成实训报告,并写出实训心得。了解学生对时间程序的掌握情况,如需要,则需进行反复演示、讲解操作。

◆**问题**

完成实训报告。

任务四　智能照明系统的监控组件

◆**目标**

1. 能根据照明监控原理图分析需要的监控组件,监控组件的输出信号类型。

2. 掌握各照明监控组件的性能特点、使用注意事项及与 DDC 的连接电路。

◆**相关知识**

照明系统的组件是实现对照明设备运行状态的监控,达到自动化、以人为本及节省能源的目的。智能照明监控系统框图如图 6-19 所示,所有组件主要是传感器及执行器。传感器及执行器有光照度传感器、红外传感器及开关、继电器等。

图 6-19　智能照明监控系统框图

常见传感器种类如下所述。

1. 光照度传感器

光照度变送器采用对弱光也有较高灵敏度的硅兰光伏探测器作为传感器。具有测量范围宽、线形度好、防水性能好、使用方便、便于安装、传输距离远等特点,适用于各种场所,尤其适用于农业大棚、城市照明等场所,如图 6-20 所示。

图 6-20　光照度传感器正反面

（1）使用标准

①1 个烛光在 1 m 距离的光亮度。

②夏日晴天强光下照度为 10 万 lx（3 万 ～30 万 lx）。

③阴天光照度为 1 万 lx。

④日出、日落光照强度为 300 ～400 lx。

⑤室内日光灯照度为 30 ～50 lx。

⑥夜里 0.3 ～0.03 lx（明亮月光下）;0.003 ～0.000 7 lx（阴暗的夜晚）。

（2）技术参数

①感光体:带滤光片的硅蓝光伏探测器。

②波长测量范围:380 ～730 nm。

③准确度:±7%。

④重复测试:±5%。

⑤温度特性:±0.5%／℃。

⑥测量范围:0 ～200 000 lx。

⑦输出形式:二线制 4 ～20 mA 电流输出。

⑧三线制 0 ～5 V 电压输出液晶显示输出 232/485 网络输出（需加信号转换器）。

（3）照度传感器的安装与接线

照度传感器的安装与接线以 LSR/V 型室内照度传感器和 LSO/V 型室外照度传感器为例,如下:

①LSR/V 型室内照度传感器的安装与接线,外形尺寸如图 6-21 所示,接线端子如图 6-22 所示。

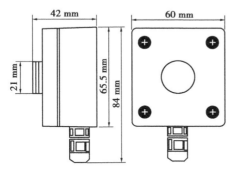

图 6-21 外形尺寸

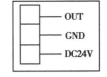

图 6-22 接线图端子

安装说明:该传感器尽量安装在四周空旷或射面上没有任何障碍物的地方（感应面应保持清洁）,与传感器相衔接的线缆应固定在安装架上,以减少断裂、脱皮等情况。光照度传感器在使用一段时间后,应定期擦拭上方的滤光片,以保持测量数值的准确性。

②LSO/V 型室外照度传感器的安装与接线如图 6-23 所示,接线端子如图 6-24 所示。

安装说明:该传感器尽量安装在四周空旷或射面上没有任何障碍物的地方（感应面应保持清洁）,与传感器相衔接的线缆应该固定在安装架上,以减少断裂、脱皮等情况。光照度传感器在使用一段时间后,应定期擦拭上方的滤光片,以保持测量数值的准确性。

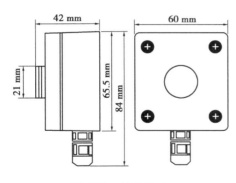

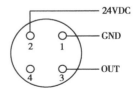

图 6-23　外形尺寸　　　　　　　　　　　图 6-24　接线端子

2. 红外传感器

将红外辐射能转换成电能的光敏元件称为红外传感器,也常称为红外探测器。红外传感器是利用物体产生红外辐射的特性,实现自动检测的传感器。也就是利用这一特点来检测在一固定空间是否有人的出现,再根据当时光照度的情况来决定是否启亮这灯具。

（1）数字红外传感器

基于红外线探测技术的双重探测被动红外辐射存在的传感器,采用"红外+微处理器"的探测分析技术,使传感器灵敏度高,可靠性强,如图 6-25 所示。

图 6-25　数字红外传感器 HIS120

参数:

尺寸:65 mm×65 mm×42 mm　　　　输入电压:DC 7~35 V

静态电流:≤40 mA　　　　　　　　　探测距离:7 m

感应角度:100°　　　　　　　　　　通信方式:RS5485

工作温度:−10~70 ℃　　　　　　　安装方式:吸顶

安装高:2.5~7 m

（2）被动红外探测器

被动红外探测器:PIR（Passive infrared detectors）采用被动红外方式,已达到安保报警功能的探测器。被动式红外探测器主要由光学系统、热释电传感器（或称为红外传感器）及报警控制器等部分组成。探测器本身不发射任何能量而只被动接收、探测来自环境的红外辐射。一旦有人体红外线辐射进来,经光学系统聚焦就使热释电器件产生突变电信号,发出警报。

被动红外入侵探测器采用热释电红外探测元件来探测移动目标。只要物体的温度高于绝对零度,就会不停地向四周辐射红外线,利用移动目标（如人、畜、车）自身辐射的红外线进行探测。

与其他类型的保安设备比较,被动红外入侵探测器具有以下特点:

第一,不需要在保安区域内安装任何设备,可实现远距离控制。

第二,由于是被动式工作,不产生任何类型的辐射,保密性强,能有效地执行保安任务。

第三,不必考虑照度条件,昼夜均可用,特别适宜在夜间或黑暗条件下工作。

第四,由于无能量发射,没有容易磨损的活动部件,因而功耗低、结构牢固、寿命长、维护简便、可靠性高。

①吸顶式被动红外探测器,外形如图6-26所示。

● 技术规格

探测距离:直径12 m

输入电压:DC 9~16 V

消耗电流:约DC 15 mA

红外最大覆盖面积:12 m×12 m

开启指示:指示灯亮10 s

当报警时线路开启2~3 s

警报指示:LED指示灯亮

防拆接口:常闭

图6-26　吸顶式被动红外探测器

● 探测区域俯视图,如图6-27所示。

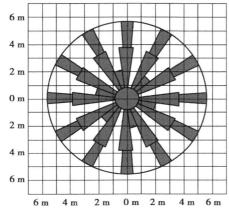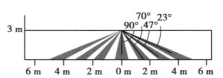

图6-27　探测区域俯视图

● 安装步骤如图6-28所示。

● 接线终端如图6-29所示。

● 覆盖区域步行测试:

第一步:安装外壳,顺时针旋转底座扣好扣位。

第二步:通电后至少等2 min再开始步测。

第三步:在覆盖区域的远端任何地方穿过,走动引发LED指示灯亮2~3 s。

第四步:从相反方向进行步测,以确定两边的周界。应使探测中心指向被保护区的中心。

第五步:离探测器3~6 m处,慢慢举起手臂,并伸入探测区,标注被动红外报警的下部边界;重复上述做法,以确定上部边界。

第六步:探测区中心不应向左右倾斜。如果不能获得理想的探测距离,则应左右调整探测范围,以确定探测器的指向不会偏左或偏右。

②壁挂式被动红外探测器,外形如图6-30所示。

● 技术规格

信号处理:自动脉冲,二级,温度补偿

起始时间:300 s

探测速率:0.2 m~7 m/s

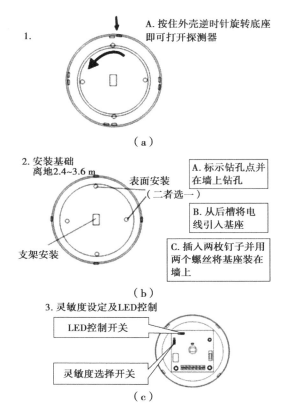

1.

A. 按住外壳逆时针旋转底座
即可打开探测器

（a）

2. 安装基础
离地2.4~3.6 m

表面安装
（二者选一）

支架安装

A. 标示钻孔点并
在墙上钻孔

B. 从后槽将电
线引入基座

C. 插入两枚钉子并用
两个螺丝将基座装在
墙上

（b）

3. 灵敏度设定及LED控制

LED控制开关

灵敏度选择开关

（c）

图 6-28　安装步骤分解图

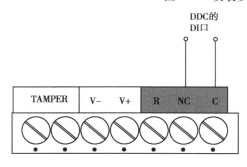

DDC的
DI口

TAMPER	V−	V+	R	NC	C

图 6-29　接线端子

图 6-30　壁挂式被动红外探测器

工作温度：−10 ~ +50 ℃

电源输入：9 ~ 16 V DC，14 mA，18 mA 警报

探测范围：11m110 度

安装高度：1.1 ~ 3.1 m

警报显示：红色发光二极管，连续发光

警报输出：常闭 28 V DC，0.15 A

防拆掣：常闭 28 V DC/0.15 A 最高

● 安装步骤如图 6-31 所示。

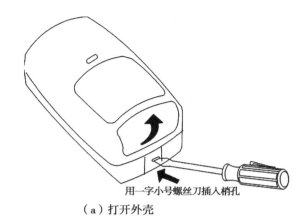

用一字小号螺丝刀插入梢孔

（a）打开外壳

离地1.8~2.4 m

A. 标示钻孔点并在墙上钻孔

B. 从后槽将电线引入基座

C. 插入两枚钉子并用两个
螺丝将基座装在墙上

单面45°
安装

D. 将PCB板的底端插入这
突起的下面并从上端按压
进去

表面安装
（二者之一）

建议
角落
安装

（b）安装基础

图 6-31　安装分解图

　　基于所需照射范围及安装高度,选定一个探头安装位置。避免探头接近反光表面物体、空调风口喷出的流动空气、电风扇、窗门、水蒸气、油烟及可引致温度改变的物体,例如发热器、电冰箱、烤箱和红外线。

　　选定探头安装位置后,把底盖钻出几个螺丝孔,然后把信号线穿孔,并连接印制电路板上相应接线柱。如想消除发光二极管显示功能,可把最下方跨接片移去。请勿触摸感测器的表面,可能会导致探测失常。

　　● 接线端口如图 6-32 所示。

　　3. 继电器

　　继电器是一种电子控制器件,它具有控制系统(又称为输入回路)和被控制系统(又称为输出回路),通常应用于自动控制电路中,它实际上是用较小的电流去控制较大电流的一种"自动开关"。故在电路中起着自动调节、安全保护、转换电路等作用。欧姆龙中间继电器触点关系(常开、常闭关系图,以 MY4N 为例)如图 6-33 所示。

接DDC的DI口

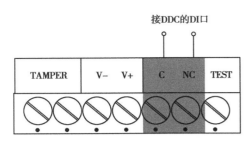

图6-32　接线端口

图6-33　继电器外形及触点关系图

说明:13,14 间是线圈,带发光二极管。

1,9;2,10;3,11;4,12 间是常闭,即有 4 对常闭。

5,9;6,10;7,11;8,12 间是常开,即有 4 对常开。

线圈两端接到 DDC 的 DO 端口,其他常闭或常开接到 DDC 的 DI 端口,作为设备开启的反馈信息。

◆任务实施过程

1.展示常见光照度传感器、被动红外传感器、交直流中间继电器,通过阅读说明书了解功能及安装要求。

2.明确光照度传感器、被动红外传感器接线端子上的符号含义并按要求进行接线。

3.对中间继电器的线圈、常闭、常开触点接线端子区分。到实训室进行继电器结构的认识。

◆问题

1.光照度传感器的原理是什么?

2.被动红外传感器的原理是什么?

3.中间继电器的工作原理是什么?

实训任务一　传统照明线路的连接

班级		小组成员		
项目名称	传统照明线路的连接		学时	4
实训目的	1.对照明规范接线的熟悉 2.对常用工具的使用		实训材料及设备、工具	照明实训板、螺丝刀、万用表、导线、剥线钳
实训内容及效果要求	1.在实训板上根据给定电路要求进行规范安装 2.安装后进行通电试验,对不成功的电路进行故障排除 3.实训台的清洁、整理			

安全及 5S 要求	1. 学生不能穿背心、拖鞋等进入实训室 2. 电源开关及空调等由老师或老师指定的同学进行操作 3. 课时结束后，每个小组要整理好自己的实训台，所有导线按颜色进行分类整理 4. 安排值日小组进行实训室全面清洁及规整摆放凳子、台椅等 5. 由科代表进行全面检查 6. 老师负责所有电源的关闭及门、窗的关闭 7. XL50 需要交流 24 V 供电，I/O 模板是 DC 12 V，这点要重点强调
人员 分工	
实训 要点 （包括 步骤、 接线 图、表 格、程 序等）	传统照明线路的要求： 1. 双联开关控制白炽灯 2. 一单联开关控制荧光灯；另一单联开关控制插座得电否 3. 电源经过空气开关 4. 需要接地 一、根据要求画出电路连接图 二、进行安装 三、通电试验
实训 总结	
老师 评语	

实训任务二　时间程序编写

班级		小组成员		
项目名称	照明监控时间程序编写		学时	4
实训目的	1. 理解照明监控对时间的要求 2. 在 CARE 中能正常启动时间程序,熟悉时间程序编写过程 3. 对时间程序进行编译、下载、运行调试		实训材料及设备、工具	计算机、DDC、RS-232 数据线、DDC 电源线
实训内容及效果要求	1. 根据照明监控对时间的要求进行时间程序编写 2. 对时间程进行编译、下载、运行调试			
安全及5S要求	1. 学生不能穿背心、拖鞋等进入实训室 2. 电源开关及空调等由老师或老师指定的同学进行操作 3. 课时结束后,每个小组要整理好自己的实训台,所有导线按颜色进行分类整理 4. 安排值日小组进行实训室全面清洁及规整摆放凳子、台椅等 5. 由科代表进行全面检查 6. 老师负责所有电源的关闭及门、窗的关闭 7. XL50 需要交流 24 V 供电,I/O 模板是 DC 12 V,这点要重点强调			
人员分工				
实训要点（包括步骤、接线图、表格、程序等）	照明监控原理: 			

续表

实训要点（包括步骤、接线图、表格、程序等）	监控要求： 　①室外景观照明要求：在自动、无故障情况下，当室外照度小于 45 lx 时，启动；当照度大于 60 lx 时，关闭。 　②室内工作照明：在自动、无故障情况下，周一至周五：8:00 启动，18:00 关闭；周六、周日：不启动。 　③走廊楼梯公共照明：在自动、无故意情况下，周一至周日：18:30 启动，23:30 关闭。 1. 建立变量

变量地址	描述	属性(I/O)	DDC 端口

2. 时间程序的编写步骤及结果

3. 程序编译、下载、运行调试

实训总结	
老师评语	

本章小结

　　1. 结合照明相关课程掌握照明的相关术语、传统照明方式及能安装传统照明线路，掌握照明线路安装的基本规范要求。

　　2. 能分析及设计照明节能运行的监控原理图及点表。

　　3. 掌握照明监控组件的性能特点、使用要求。

　　4. 能用组态软件设计照明节能运行的时间程序、开关逻辑等。

项目七

供配电监控系统组态及组件

电力监控系统即智能化供配电为电力系统的平稳运行提供了强有力的保证,现在正逐渐成为供配电系统中不可或缺的重要组成部分。

任务一　供配电技术

◆ **目标**

1. 掌握供配电系统中的相关基本知识。

2. 楼宇供高低压配电图,对图中所涉及的图形符号能说出对应的硬件设备。

◆ **相关知识**

电能是一种清洁的二次能源,已广泛应用于国民经济、社会生产和人民生活的各个方面。供配电系统的任务就是用户所需电能的供应和分配。

根据一次能源的不同,有火力发电厂、水力发电厂和核能发电厂,此外,还有风力、地热、潮汐和太阳能等发电厂。

供配电系统是电力系统的电能用户,也是电力系统的重要组成部分。它由总降变电所、高压配电所、配电线路、车间变电所或建筑物变电所和用电设备组成。

总降变电所是企业电能供应的枢纽。它将 35 ~ 110 kV 的外部供电电源电压降为 6 ~ 10 kV 高压配电电压,供给高压配电所、车间变电所和高压用电设备。

高压配电所集中接受 6 ~ 10 kV 电压,再分配到附近各车间变电所或建筑物变电所和高压用电设备。一般负荷分散、厂区大的大型企业设置高压配电所。如图 7-1 所示。

配电线路分为 6 ~ 10 kV 厂内高压配电线路和 380/220 V 厂内低压配电线路。高压配电线路将总降变电所与高压配电所、车间变电所或建筑物变电所和高压用电设备连接起来。低压配电线路将车间变电所的 380/220 V 电压送至各低压用电设备。

车间变电所或建筑物变电所将 6 ~ 10 kV 电压降为 380/220 V 电压,供低压用电设备用。

用电设备按用途可分为动力用电设备、工艺用电设备、电热用电设备、试验用电设备和照明用电设备等。

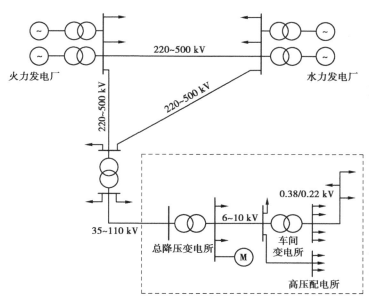

图 7-1　发电、输电、变电、配电和用电的整体示意图

一、高压供电方案

电力的输送与分配,必须由母线、开关、配电线路、变压器等组成一定的供电电路,这个电路就是供电系统的一次结线,即主结线。

智能楼宇由于功能上的需要,一般都采用双电源进线,即要求有两个独立电源,常用的高压供电方案如图 7-2 所示。

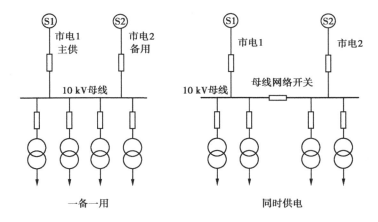

图 7-2　楼宇供电方案

二、低压配电方案

低压配电指低压干线的配线方式,即从变电所低压配电屏分路开关至各大型用电设备或楼层配电盘的线路。低压配电结线方案如图 7-3 所示。

①放射式:一独立负荷或一集中负荷均由一单独的配电线路供电。

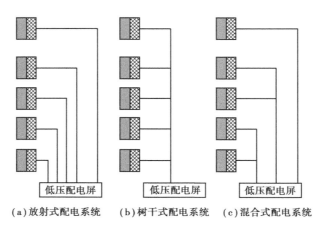

(a) 放射式配电系统　　(b) 树干式配电系统　　(c) 混合式配电系统

图 7-3　3 种低压配电方案

适用场所:供电可靠性要求高,单台设备容量较大,容量比较集中如大型消防水泵、生活水泵、中央空调的冷冻机组。

②树干式:一独立负荷或集中负荷按其所处位置依次连接到某一条配电干线上。适用于用电设备比较均匀,容量不大,且无特殊要求的场合。

③混合式:放射式与组合式的结合。智能楼宇低压配电一般采用放射式,楼层配电则为混合式。

◆ **任务实施过程**

1. 结合供配电相关课程讲解关于发电、输电、变电、配电和用电的相关知识。

2. 结合实际建筑内供配电图进行识读。

3. 到学校变配电房了解学校的供配电情况。

◆ **问题**

1. 画出发电、输电、变电、配电和用电的整体示意图。

2. 说出低压配电的 3 种方案。

任务二　供配电系统的监控

◆ **目标**

1. 能对电流、电压、功率、频率等监测电路接线进行分析。

2. 认识到供配电系统的监控原理图中只有 AI 或 DI 变量,即只监不控。

3. 能对供配电监控点表进行分析。

◆ **相关知识**

一、对供配电系统监控的必要性及功能

供配电系统是楼宇的命脉,因此对供配电设备的监控和管理至关重要。

①监控系统对供配电设备的运行状况进行监测,并对各变量进行测量,如电压、电流、频率、有功功率、功率因数、用电量、开关运行状态、变压器油温等。

②管理中心根据测量所得数据进行统计、分析,以查找供电异常情况、预告维护保养,并

进行用电负荷控制及自动计费管理。

③电网供电状况随时受到监视,一旦发生电网断电,控制系统作出相应控制措施,应急发电机自动投入,确保消防、安保、电梯及各通道应急照明用电,非必要用电负荷可暂时不供电。

④监测内容有:各自动开关、断路器状态监测;三相电压、电流检测;有功、无功功率及功率因数检测;电网频率、谐波检测;变压器温度检测及故障状态报警;用电量(kW·h)检测。智能化系统只能监视设备的运行状态,而不能控制线路开关,即对供配电系统施行"只监不控"。

二、监测分析

1. 监测原理

高、低压端交流电压与电流自动监测,监测原理如图 7-4 所示。

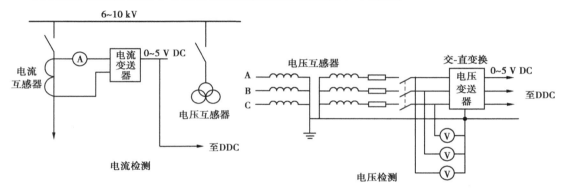

图 7-4　电压、电流监测原理图

通过此方法可实现以下的监测内容:

①高压进线主开关的分合状态及故障状态监测。

②高压进线三相电流监测。

③高压进线 AB,BC,CA 线电压监测。

④变压器二次侧主开关的分合状态及故障状态监测。

⑤变压器二次侧 AB,BC,CA 线电压及电流监测。

⑥变压器二次侧三相功率因数监测。

⑦母线开关的分合状态及故障状态监测。

2. 变压器及应急发电机监控内容

①变压器温度监测。

②风冷变压器风机运行状态监测。

③油冷变压器油温及油位监测。

④发电机线路电气参数的监测,如电压、电流、频率、有功功率和无功功率等。

⑤发电机运行状况监测,如转速,油温,油压,进出水温、水压,排气温度和油箱油位等。

⑥发电机及相关线路状态检测等。

例 1:高低配电回路监控系统原理图,如图 7-5 所示。

由图 7-5 可知,系统只有 AI 和 DI 点而无 AO 或 DO 点,也就是说,系统只有监测功能而没

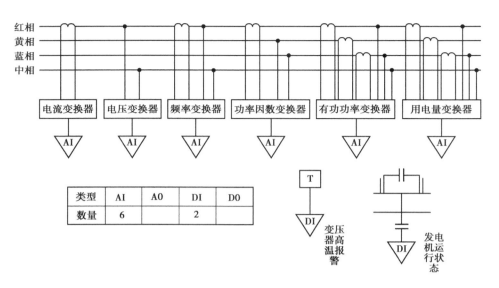

图 7-5　高低配电回路监控系统原理图

有控制功能。

例 2：低压配电系统监控原理图，如图 7-6 所示。

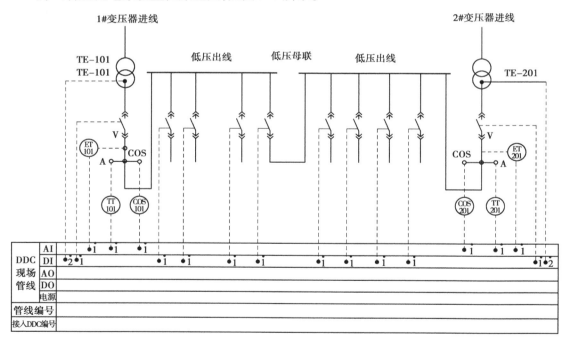

图 7-6　低压配电系统监控原理图

由于系统只监不控，因此只有监视点 AI 和 DI，而没有控制点。控制器通过接收电压变换器、电流变送器、功率因数变送器的信号，自动检测线路电压、电流和功率因数等参数，实时显示相应的电压、电流等参数值，并可检测电压、电流、累计用电量等。

例 3：变配电系统监控点表，见表 7-1。供电品质的指标通常是电压、频率和波形，也往往监测这几个性能。

表 7-1 变配电系统监控点表

变配电系统	AI	DI	AO	DO	设备名称	设备型号
高压母联状态	1					
高压进线状态	2					
高压进线故障	2					
高压主进电度	2				电度变送器	DTM-9
高压主进有功功率	2				有功功率变送器	256-TWMW
高压主进功率因数	2				功率因数变送器	256-TPTW
高压主进电流	6				三相电流变送器	253-TALW
高压主进电压	6				三相电压变送器	253-TVAW
高压主进频率	2				频率变送器	256-THZW
低压母联状态	2					
低压进线状态	2					
低压进线故障报警	2					
低压主进电度	2				电度变送器	DTM-9
低压主进有功功率	2				有功功率变送器	256-TWMW
低压主进功率因数	2				功率因数变送器	256-TPTW
低压主进电流	6				三相电流变送器	253-TALW
低压主进电压	6				三相电压变送器	253-TVAW
低压主进频率	2				频率变送器	256-THZW
变压器高温报警	2					

监控中心通过各 AI 值,对供配电质量起到监测的功能。

◆**任务实施过程**

分析高低供配电回路监控原理图及监控点表。

◆**问题**

1. 画出供配电监控原理图的监控原理。

2. 如何实现对高低压供配电进行采集监测,判别供电质量。

任务三 供配电系统的监控组件

◆**目标**

1. 认识供配电监控需要的组件设备,熟悉其性能及输出特性。

2. 掌握供配电监控组件与 DDC 控制器的连接电路。

◆相关知识

供配电系统的组件是实现对供配电设备运行状态及供配电质量的监测,达到自动化、以人为本及节省能源的目的,组件主要是电类变送器。

一、供配电系统监测的参数

①对供配电系统监测的参数有电压、电流、功率、功率因数、频率、变压器温度等进行实时检测,为正常运行时的计量管理和事故发生时的应急处理、故障原因分析等提供数据。

②对供配电系统相关电气设备运行状态,如高低压进线断路器、母线联络断路器等各种类型开关当前的分合闸状态、是否正常运行等进行实时监视。

二、电量变送器

电量变送器是一种将被测电量(交流电压、电流、有功功率、无功功率、有功电能、无功电能、频率、相位、功率因数、直流电压、电流等)转换成按线性比例直流电流或电压输出(电能脉冲输出)的测量仪表,原理结构如图 7-7 所示。

图 7-7　电量变送器原理结构图

1. 电流变送器

电流变送器可以直接将被测主回路交流电流或者直流电流转换成按线性比例输出的 DC 4～20 mA(通过 250 Ω 电阻转换 DC 1～5 V 或通过 500 Ω 电阻转换 DC 2～10 V)恒流环标准信号,连续输送到接收装置(计算机或显示仪表),如图 7-8 所示。

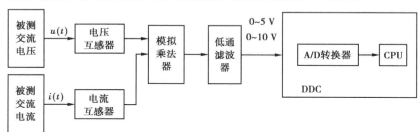

图 7-8　电流、电压变送器原理结构图

(1)电流变送器接线原理图

①电压输出型,如图 7-9 所示。

注:I_1 是原边大电流;

　　I_2 是变送后的小电流(4～20 mA);

　　RL 是 500 Ω 或者 250 Ω 的电阻;

　　UO 输出电压是 0～10 V 或 0～5 V。

②电流输出型,如图 7-10 所示。

注:I_1 是原边大电流;

　　I_2 是变送后的小电流(4～20 mA),送入 DDC 的 AI 端口。

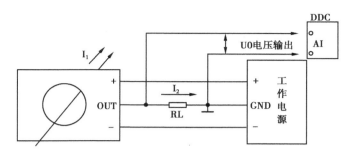

图 7-9　电压输出压电流变送器接线原理图

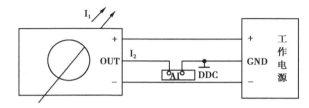

图 7-10　电流输出型电流变送器接线原理图

（2）电流变送器的选用

交流电流变送器单匝穿孔穿芯式结构,使用时无须改动测量主回路,便于现场连接,原副边高度绝缘隔离,两线制输出接线,辅助工作电源+24 V与输出信号线 DC 4～20 mA 共用。

如何选择电流变送器,是能否准确检测和转换交流电流的关键。如果不能合理地选择合适的电流变送器,将造成今后监控系统的误差和失真。选择电流变送器应注意以下几个问题：

①需要检测的是单相电流还是三相电流——电流变送器通常有两种形式,可适用于检测单相或三相电流。比如,JLT2I 中的"2"就表示单相电流变送器,JLT43I3 中的"43"就表示三相电流变送器。

②辅助电源的规格——交流电流变送器为了精确检测输入电流的变化,也为了能输出与输入电流成线性变化的直流信号,通常需要一个辅助电源为电流变送器的工作电源。通常,选用最多的是容易获得的 AC 220 V。也可以选择直流电源,比如,DC 24 V 等。需要注意的是,有一些电流变送器,宣称不需要辅助电源,即所谓的"无源型"电流变送器。对这种电流变送器,应慎重选用。所谓"无源型",并非是不需要电源,而是由电流变送器输出信号后面的仪表提供工作电源。是"吃了变送器后面的仪表电源"。自然增加了变送器后面采集仪表的负担。还有一种"无源型电流变送器",是利用电流互感器的二次电流作变送器的电源。这种变送器的缺点是,当负载电流较小时,电流互感器的输出电流自然较小,所提供给变送器的能量也减少,此时,电流变送器将产生非线性误差,从而照成电流信号变送的误差,因此,这种变送器也需要慎重采用。

③电流变送器的输入过载能力——负载电流过载时,或者系统发生故障时,对电流变送器而言,通常会承受非常大的过载电流。在此情形下,能否承受大的过载电流,成为衡量电流变送器性能的重要指标。

④交流电流变送器的稳定性——电流变送器作为一种"计量型仪表",除了需要精确外,最重要的性能,是能否稳定可靠地工作。

155

（3）单相电流变送器的安装要求

单项电流变送器安装流程主要包括模块安装、外界规范、走线规范3个过程。

①模块安装。

第一，信号就近原则，分布式模块尽量安装在靠近信号源的地方。

第二，模块必须安装在远离强干扰信号的地方，比如开关柜，变频器等。

第三，模块必须规范固定在柜体内部，不能有移动或者松动，电量模块必须安装在绝缘板上。

②外接规范。

第一，通讯线：RS485通讯线必须用双绞屏蔽线，屏蔽层严格接大地，每根通讯线必须有明确的标志，用线鼻子接入RS485。光纤必须有软塑套管保护，每根光纤必须有明确的标志。

第二，信号线：信号线必须采用屏蔽线，屏蔽层严格接地，信号线尽可能短，每根信号线必须有明确的标示。

第三，电源接口及电源线：电源线必须用线鼻子接入电源端子，必须严格拧紧，电源端子必须严格拧紧在模块上。

第四，RS485：通信线严格拧紧在RS485接口上，RS485接口必须严格拧紧在模块上。

③走线规范。

第一，RS485通讯线和信号线不应与强电走在一起，如果要与强电走同一条地沟，必须有专用的屏蔽电线槽，且强电与弱电的距离不得小于300 mm。

第二，导线穿过金属板（管）孔时，应在板（管）孔上装有绝缘护套（出线环或出线套）。

第三，导线弯曲时，过渡半径应为导线直径的3倍以上，导线束弯曲时也应符合该要求，并圆滑过渡。

第四，电线和各接线端子、电气设备及插头插座连接时，要留一定的弧度，以利于解连和重新连接。

第五，导线连接原则上应通过接头，视具体情况采用压接、焊接、插接、绕接等方式。

第六，电线槽安装应牢固，导线要用扎线带、线卡等以适当间隔可靠固定，防止振动造成损伤。

第七，电线电缆出入线槽、线管时必须加以保护，管口应加绝缘套（有油处应耐油）或用绝缘物包扎。

第八，屏蔽层应接至机箱外部的专用接地母排或通过连接器外壳接至机箱箱体上。

第九，多芯电缆应留有10%或至少2根备用绝缘线芯。连接器中应留有相应数量的备用接点。

第十，线槽的出口边缘必须光滑，不得有尖角和毛刺。

2. 电压变送器

电压变送器是一种将被测交流电压、直流电压、脉冲电压转换成按线性比例输出直流电压或直流电流并隔离输出模拟信号或数字信号的装置。

其变送原理图如电流变送器原理图。

以YN194AU-BS导轨安装型电压变送器为例，如图7-11所示。

图7-11　电压变送器

（1）技术参数

技术参数见表7-2。

表7-2 YN194AU-BS导轨安装型电压变送器技术参数表

性能规格			交流电流表	直流电流表	交流电压表	直流电压表
信号输入	输入值		0~5 A	0~5 A	0~500 V	0~500 V
	过量程	持续	1.2 倍	1.2 倍	1.2 倍	1.2 倍
		瞬时	10 倍/5 s	10 倍/5 s	2 倍/1 s	2 倍/1 s
	频率		50~60 Hz	/	50~60 Hz	/
输出	输出信号		DC 4~20 mA,DC 0~20 mA,DC 0~5 V,DC 0~10 V(特殊可定做)			
	精度		0.5 级			
电源	范围		AC/DC 85~270 V 或者 DC 24 V(特殊可定做)			
	功耗		<3 VA			
其他	绝缘强度		2 kV/50 Hz/1 min			
	环境温度		0~50 ℃,储存温度−20~70 ℃,相对湿度≤90%			

（2）接线方式

接线方式如图7-12所示。

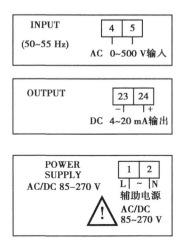

图7-12 YN194AU-BS导轨安装型电压变送器接线方式图

（3）电压变送器安装及使用注意事项

①注意辅助电源信息,变送器的辅助电源等级和极性不可接错,否则将损坏变送器。

②变送器为一体化结构,不可拆卸,同时应避免碰撞和跌落。

③变送器在有强磁干扰的环境中使用时,请注意输入线的屏蔽,输出信号应尽可能短。集中安装时,最小安装间隔不应小于 10 mm。

④当变送器输入、输出馈线暴露于室外恶劣气候环境之中时,应注意采取防雷措施。

⑤变送器受到高温烘烤时会发生变形,影响产品性能。因此在使用过程中请勿在热源附

近使用或保存,请勿把产品放进高温箱内烘烤。

3. 频率变送器

频率变送器是指被测交流电压频率隔离转换成按线性比例输出的单路标准直流电压或直流电流。频率变送器以单片机为核心,采用最新算法,实现交流电路频率的精确测量;用于测量交流频率,隔离变送输出线性直流信号,输送给远程装置、计算机、自动化控制系统等,如图 7-13 所示。

(1)功能与特征

图 7-13　频率变送器

用途:测量交流频率,隔离变送输出线性直流信号,输送给远程装置、计算机、自动化控制系统等。

测量:频率信号。

输入:50±5 Hz,50±1 Hz,0 ~ 1 kHz,0 ~ 10 kHz。

精度:±0.2% RO。

输出:0 ~ 20 mA DC,4 ~ 20 mA DC,0 ~ 10 V DC 等模拟量信号。

电源:AC 220 V 或 DC 24 V。

安装:35 mm 标准导轨、底座螺钉安装。

(2)频率变送器的使用方法

①变送器的安装。变送器采用标准 DIN35 导轨卡式安装,使用方便。

第一步:变送器固定卡槽下侧勾在安装导轨上。

第二步:向上推动变送器并旋转使变送器上侧卡口压向卡轨,则变送器安装卡轨上。

第三步:从卡轨拆下时,按图示向上推动并旋转提出变送器上侧,即可将变送器取出。

②变送器出厂均已准确调定,用户连接无误后即可通电工作。接通电源后,红色 RUN 运行指示灯应闪烁。变送器对于辅助电源没有特殊要求,多只变送器可以共用一组电源。如购买市售稳压电源时,要求该电源的隔离电压≥2 000 V AC,直流输出纹波<10 mV。

③请严格按照变送器端子定义图规定连接输入输出信号,否则变送器可能会损坏或输出值会发生错误。

④对于需测试变送器的准确度,则应在以下条件下进行:

● 精度为 0.05 级以上的标准信号源及 0.05 级以上的测量仪表。

● 辅助电源:标称值±0.5%,纹波≤5 mV;环境温度:(25±5)℃;相对湿度:RH(45% ~ 75%)。

4. 功率变送器

功率变送器是一种既能测量有功/无功功率,又能计量有功/无功电能的具有双重功能的仪表,是电能计量、节能自动化和计算机电费结算的配套仪表。变送器技术指标完全符合 JJG 596—89《电子式电能表》的要求,相对误差小于 0.5% 电能显示记录装置,是用于电网跳变系统理想的电子式电能表。该变送器适用于频率为 50 Hz,60 Hz 及特殊频率的单、三相线路,功率以 4 ~ 20 mA DC 输出,如图 7-14 所示。

(1)功率变送器通用框图

功率变送器通用框图如图 7-15 所示。

依据所采用的技术,图中列出的所有部件并非均不可缺少。图中的变送器测量一路电压和一路电流信号,通常,该电压和电流信号的乘积为被测回路的有功功率。

对于模拟量输出功率变送器而言,一次转换器输出为与被测参量成函数关系的模拟量信号,传输系统为电缆,模拟信号经传输系统与二次仪表相连。

对于数字量输出功率变送器而言,一次转换器输出与输入电压、电流信号的瞬时值成正比的数字编码信号及运算需要的其他信息,传输系统可以是电缆、光纤或无线系统。数字编码信号经过传输系统与数字量输入的二次仪表相连,二次仪表对数字量进行运算处理,可以得到与被测回路相关的所有参数:电压、电流的真

图 7-14　功率变送器

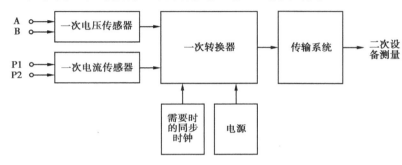

图 7-15　功率变送器通用框图

有效值,基波有效值,基波频率,基波有功功率,总有功功率,谐波电压,谐波电流及谐波功率等。

（2）使用注意事项

输入、输出、辅助电源接线必须正确,不能错位。

①使用环境应无导电尘埃、无腐蚀金属和破坏绝缘的气体存在,海拔高度小于 2 500 m。

②产品出厂时已调校好零点和精度,请勿随意调整。

③注意产品标签上的辅助电源信息,变送器的辅助电源等级和极性不可接错,否则将损坏变送器。

④变送器为一体化结构,不可拆卸,同时应避免碰撞和跌落。

⑤变送器在有强磁干扰的环境中使用时,请注意输入线的屏蔽,输出信号应尽可能短。集中安装时,最小安装间隔不应小于 10 mm。

⑥当变送器输入、输出馈线暴露于室外恶劣气候环境之中时,应注意采取防雷措施。

⑦请勿在热源附近使用或保存,请勿把产品放进高温箱内烘烤。

（3）端子结构及测量接线图

S3 系列功率变送器端子外形结构图,如图 7-16 所示。

其中:

4,5,6:A,B,C 三相外加电压(交流电压互感器)。

7,8:电源(AC 220 V)。

9,10:输出信号(DC 4～20 mA)。

11,12:A 相电流(电流互感器)。

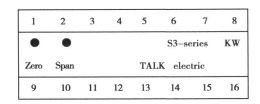

图 7-16　S3 系列功率变送器端子外形结构图

15,16:C 相电流(电流互感器)。

接线方式:

S3 系列功率变送器接线方式有三线制和四线制两种形式:如图 7-17 所示为三线制接法,直接从现场引进三相根线,为常用的接法。如图 7-18 所示为四线制接线法。

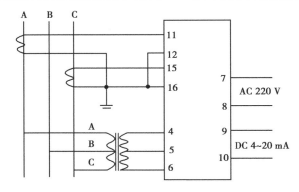

图 7-17　三线制接线方式

其中,7,8 为交流 220 V 电源,9,10 是 4~20 mA 电流信号输出。

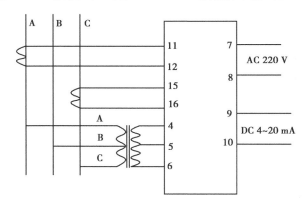

图 7-18　四线制接线方式

其中,7,8 为交流 220 V 电源,9,10 是 4~20 mA 电流信号输出。

注:无论采用三线制或四线制接法,都要保证良好的接地。

电压线和电流线都取自互感器,电压线严禁短路,电流线严禁断路。

◆**任务实施过程**

1.逐一讲解各类配电传感器。通过说明书去认识它们的接线方式及输出信号。培养学生看说明书的习惯及分析能力。

2. 对变送器进行逐一认识,包括外形、性能及技术参数、安装及接线。

◆问题

1. 画出电压输出型电流变送器与 DDC 控制器的接线原理图。

2. 画出电流输出型电流变送器与 DDC 控制器的接线原理图。

3. 区别功率变送器三线制及四线制的接线方式的区别。

本章小结

1. 结合供配电相关课程熟悉发电、输电、变电、配电和用电相关知识。

2. 能分析及设计高、低压供(配)电的监控原理图及点表。

3. 掌握高、低压供(配)电监控组件的性能特点、使用要求。

项目八

电梯监控系统组态及组件

电梯是智能建筑必备的垂直交通工具。在智能建筑中,对电梯的启动加速、制动减速、正反向运行、调速精度、调速范围和动态响应等都提出了更高的要求。

任务一 电梯结构及运行原理

◆目标

能联系电梯相关课程,对电梯的硬件结构、运行原理、分类等进行全面熟悉及理解。

◆相关知识

一、电梯结构及组成部分

电梯是机与电紧密结合的复杂产品,其基本组成包括机械部分与电气部分,如图8-1所示。

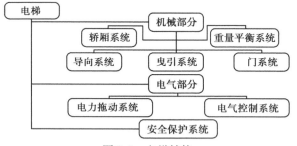

图 8-1 电梯结构

从空间上考虑电梯一般划分为机房、井道、层站和轿厢 4 个部分,如图8-2所示。

①机房部分:包括电源开关、曳引机、控制柜、选层器、导向轮、减速器、限速器、极限开关、制动抱闸装置、机座等。

②井道部分:包括导轨、导轨支架、对重装置、缓冲器、限速器张紧装置、补偿链、随行电缆、底坑及井道照明等。

③层站部分:包括层门、呼梯装置、门锁装置、层站开关门装置、层楼显示装置等。

④轿厢部分:包括轿厢、轿厢门、安全钳装置、平层装置、安全窗、导靴、开门机、轿内操纵箱、指层灯、通信及报警装置等。

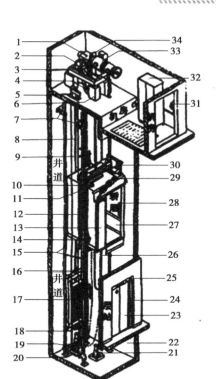

图 8-2 电梯机械结构组成

1—减速箱;2—曳引轮;3—曳引机底座;4—导向轮;5—限速器;6—机座;7—导轨支架;8—曳引钢丝绳;
9—开关磁铁;10—紧急终端开关;11—导靴;12—轿架;13—轿门;14—安全钳;15—导轨;
16—绳头组合;17—对重;18—补偿链;19—补偿链导轮;20—张紧装置;21—缓冲器;22—底坑;
23—层门;24—呼梯盒(箱);25—层楼指示灯;26—随行电缆;27—轿壁;28—轿内操纵箱;
29—开门机;30—井道传感器;31—电源开关;32—控制柜;33—引电机;34—控制器(抱闸)

二、电梯运行原理

电梯运行原理如图 8-3 所示。

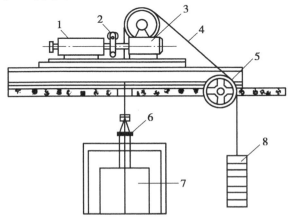

图 8-3 电梯运行原理示意图

1—电动机;2—制动器;3—减速器;4—曳引钢丝绳;
5—导向轮;6—绳头组合;7—轿厢;8—对重

163

1. 曳引系统

由曳引机组、曳引轮、曳引钢丝绳等组成。曳引机组由曳引电动机、制动器、减速器组成，其作用是产生动力并负责传送。

2. 对重系统

包括对重及平衡补偿装置。对重的作用是平衡轿厢自重及载重，减轻曳引电动机的负担。平衡补偿装置是为使轿厢侧与对重侧在电梯运行过程中始终都保持相对平衡。

3. 工作过程

电动机一转动就带动曳引轮转动，驱动钢丝绳，拖动轿厢和对重作相对运动，即轿厢上升对重下降，轿厢下降对重上升。于是，轿厢在井道中沿导轨上下往复运动，电梯就能执行竖直升降任务。

◆ **任务实施过程**

1. 该节可以请电梯专业教师进行讲解。

2. 在安全保障下，可带学生参观电梯机房及电梯实训室。

◆ **问题**

分析电梯的运行原理，画出电梯的硬件结构图。

任务二　电梯运行监控

◆ **目标**

1. 认识对电梯运行监控的目标及要求，能读懂监控原理图。认识到对电梯的监控其实只进行运行的监视，达不到控制的程度。

2. 用 CAD 软件绘制电梯监控原理图。

3. 结合 PLC 知识，对电梯运行编写控制梯形图。

◆ **相关知识**

一、电梯运行的基本要求

①安全可靠、起制动平稳、感觉舒适、平层准确、候梯时间短、节约能源。

②集选控制的 VVVF 电梯由于自动化程度要求高，一般都采用计算机为核心的控制系统。

③计算机系统带有通信接口，可以与分布在电梯各处的智能化装置（如各层呼梯装置和轿厢操纵盘等）进行数据通信，组成分布式电梯控制系统，也可以与上位监控管理计算机联网，构成电梯监控网络。

二、电梯监控系统的主要功能

①升降控制器作为 BAS 系统的一个分站，它控制和扫描电梯升降楼层的信号，并将其传送到中央控制站。

②对各部电梯的运行状态进行检测。它控制和扫描电梯升降楼层和信号。

③检测和报警。包括厅门、厢门故障检测和报警，限速器故障检测和报警，轿厢上下限超限故障报警，以及钢绳轮超速故障报警。

④电梯的开/停控制,电梯群控,当任一层用户按叫电梯时,最接近用户的同方向电梯,将率先到达用户层,以节省用户等待的时间,自动检测电梯运行的繁忙度,以及控制电梯组的开启/停止的台数,以便节约能源。

⑤发生火灾时,由电梯升降控制器控制所有的电梯,包括直升客梯和货梯降到首层并切断电梯的供电电源。

三、电梯监控系统的构成

根据上述电梯监控系统的功能可知,必须以计算机为核心,组成一个智能化的监控系统才能完成所要求的监控任务。

同时,作为智能建筑BAS的子系统,它必须与中央管理计算机以及消防控制系统进行通信,以便与BAS系统成为有机整体。

整个系统由主控制器、电梯控制屏、显示装置CRT、打印机、远程操作台及串行通信网络组成,如图8-4所示。

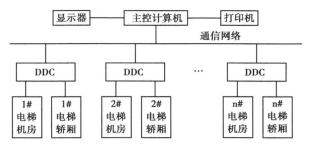

图8-4　电梯监控系统的构成

系统具有较强的显示功能,除了正常情况下显示各电梯的运行状态之外,当发生灾害或故障时,用专用画面代替正常显示图面,并且当必须管制运行或发生异常时,能把操作顺序和必要的措施显示在图面上,因此可迅速地处理灾害和故障,提高对电梯的监控能力。

电梯的运行状态可由管理人员用光笔或鼠标器直接在CRT上进行干预,以便根据需要随时启、停任何一台电梯。电梯的运行及故障情况定时由打印机进行记录,并向上位管理计算机送出。

当发生火灾等异常情况时,消防监控系统及时向电梯监控系统发出报警及控制信息,电梯监控系统主控制器再向相应的电梯DDC装置发出相应的控制信号,使它们进入预定的工作状态。

1. DDC对电梯运行监控原理图

如图8-5所示,从图中看出,建筑设备自动化系统对电梯系统的监控也是"只监不控"。通过开关量去监测电梯的运行状态。

①对各部电梯的运行状态进行监测。

②故障检测与报警。包括厅门、厢门的故障检测与报警;轿厢上下限超限故障报警以及钢绳轮超速故障报警等。

③各部电梯的开/停控制,电梯群控,例如当任一层用户按叫电梯时,最接近用户的同方向电梯,将率先到达用户层,以缩短用户的等待时间;自动检测电梯运行的繁忙程度以及控制电梯组的开启/停止的台数,以便节省能源。

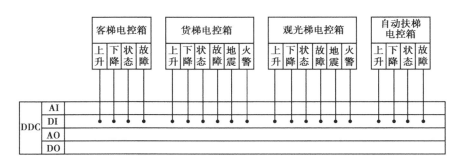

图 8-5　DDC 对电梯运行监控原理图

④当发生火警时,由电梯升降控制器控制所有的电梯,包括将直升客梯和直升货梯降至底层,并切断电梯的供电电源。

2.电梯群控技术

在大型智能建筑中,常常安装许多台电梯,若电梯都各自独立运行,则不能提高运行效率。为减少浪费,必须根据电梯台数和高峰客流量大小,对电梯的运行进行综合调配和管理,即电梯群控技术,如图 8-6 所示。

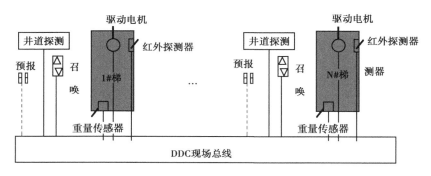

图 8-6　DDC 电梯群控原理图

通过对多台电梯的优化控制,使电梯系统具有更高的运行效率。同时及时向乘客通报等待时间,以满足乘客生理和心理要求,实现高效率的垂直输送。一般智能电梯均系多微机群控,并与维修、消防、公安、电信等部门联网,做到节能、确保安全、环境优美、实现无人化管理。

如图 8-6 所示,所有的探测器通过 DDC 总线连到控制网络,计算机根据各楼层的用户召唤情况、电梯载荷,以及根据井道探测器所提供的各机位置信息,进行运算后,响应用户的呼唤;在出现故障时,根据红外探测器探测到是否有人,进行响应的处理。

电梯群控及监控的目标:

①减少乘客的候梯时间,减少乘客的乘机时间。

②为乘客提供舒适的乘机感受。

③根据不同的交通状况,提供最佳方案,降低能耗。

◆ **任务实施过程**

1.参观电梯机房,认识电梯的硬件结构,并完成参观报告表。

2.到实训室观看模型电梯的运行过程,理解电梯的运行原理,并完成实训报告。

3.通过课堂上课件的演示,认识对电梯运行监视的效果及实际意义。

◆问题

1. 用 CAD 软件绘制监控原理图。

2. 调查周边商场的电梯、学校的电梯运行情况,哪些属于群控类型?

任务三　电梯运行监控组件

◆目标

1. 掌握电梯运行监测组件有哪些及各自的功能。

2. 掌握电梯运行监测组件的性能特点及安装要求、位置、与 DDC 的连接线路。逐渐养成看说明书的习惯,通过现有的知识去分析说明书中的要求。

◆相关知识

电梯运行监控组件是实现对电梯运行状态的监控,达到自动化、以人为本及节省能源的目的。电梯运行监测传感器配件主要是平层传感器、开关门传感器、人体传感器等,如图 8-7 所示。

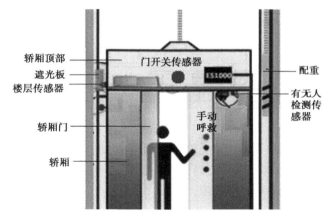

图 8-7　电梯运行监测传感器安装示意图

一、平层传感器

当电梯轿厢按轿内或轿外指令运行到站进入平层区时,平层隔磁(或隔光)板即插入感应器中,切断干簧感应器磁回路(或遮挡电子光电感应器红外线光线),接通或断开有关控制电路,控制电梯自动平层。

注意:平层感应装置安装在轿顶上,平层隔磁(隔光)板安装在每层站平层位置附近井道壁上。各类型平层传感器如图 8-8 所示。

1. 光电型

光电开关(光电传感器)是光电接近开关的简称,它是利用被检测物对光束的遮挡或反射,由同步回路选通电路,从而检测物体的有无。物体不限于金属,所有能反射光线的物体均可以被检测。光电开关将输入电流在发射器上转换为光信号射出,接收器再根据接收到的光线的强弱或有无对目标物体进行探测。

2. 双稳态型

双稳态磁开关具有两个稳定的开关状态;外磁场作用实现两个稳定状态的相互转换;内

（a）光电式型平层装置　　　（b）双稳态型平层装置　　　（c）单簧管传感器型平层装置

图 8-8　各类型平层传感器

部维持磁铁维持两个稳态。内部维持磁铁，在触点断开时，不足以通过触点气隙将其吸合；外磁场使触点吸合时，维持磁铁可维持触点的闭合状态。外磁场通过一个尺寸为 $\phi20$ mm ×10 mm 的圆柱形永磁体产生，安装在井道中所需位置的磁体架上，如图 8-9 所示。

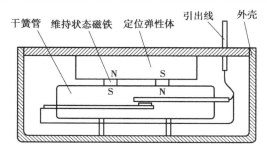

图 8-9　双稳态磁开关

　　双稳态磁开关状态翻转条件：磁开关沿某一方向移动，受到外磁场作用极性与使其处于现态的外磁场极性相反，开关状态翻转；当磁开关受到某一极性的外磁场作用，若移动方向与使其处于现态的方向相反，开关状态翻转。

3. 干簧管传感器

　　U 形槽两侧分别放置永久磁铁和干簧管，如图 8-10 所示。

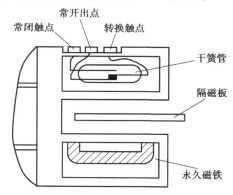

图 8-10　U 形槽干簧管传感器

　　①U 形槽没有插入隔磁板时，磁场作用下，常闭触点、转换触点闭合。

　　②U 形槽插入隔磁板时，永久磁铁磁场经气隙和隔磁板构成闭合磁路，在簧片弹性作用下，触点 2,3 断开，常开 3,4 闭合。

注意事项：

①感应器安装在轿厢顶部,隔磁板固定在井道所需位置的导轨架上。

②感应器也可安装在井道适当位置的导轨架上,隔磁板装在轿厢顶上。

③轿厢运行,隔磁板插入感应器U形槽,使触点动作,获得所需要的井道信号。

二、门开关传感器

电梯门开关属于控制电梯平层的部件,有的电梯门开关采用两种方式控制平层,一种是平层感应器,一种是门区开关,有的两种控制方式都用,有的则使用其中一种。电梯门开关有效提升了居民出行效率与便利程度。开关门到位检测器,接近开关。

1. 性能特点

在各类开关中,有一种对接近它的物体有感知能力的元件——位移传感器。利用位移传感器对接近物体的敏感特性达到控制开关通或断的目的,这就是接近开关。当有物体移向接近开关,并接近到一定距离时,位移传感器才有"感知",开关才会动作。通常把这个距离称为"检出距离"。不同的接近开关检出距离也不同。有时被检测验物体是按一定的时间间隔,一个接一个地移向接近开关,又一个一个地离开,这样不断地重复。不同的接近开关,对检测对象的响应能力是不同的,如图8-11所示。

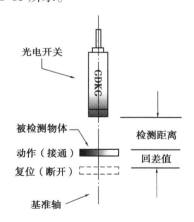

图8-11　光电开关检测物体示意图

2. 分类

因为位移传感器可以根据不同的原理和不同的方法做成,而不同的位移传感器对物体的"感知"方法也不同,所以常见的接近开关有以下两种:

（1）涡流式接近开关（电感式）

这种开关有时也称为电感式接近开关。它是利用导磁物体在接近这个能产生电磁场接近开关时,使物体内部产生涡流。这个涡流反作用到接近开关,使开关内部电路参数发生变化,由此识别出有无导电物体移近,进而控制开关的通或断。这种接近开关所能检测的物体必须是导磁体。

（2）电容式接近开关

这种开关的测量对象通常是构成电容器的一个极板,而另一个极板是开关的外壳。这个外壳在测量过程中通常是接地或与设备的机壳相连接。当有物体移向接近开关时,不论它是否为导体,由于它的接近,总要使电容的介电常数发生变化,从而使电容量发生变化,使得和测量头相连的电路状态也随之发生变化,由此便可控制开关的接通或断开。这种接近开关检测的对象,不限于导体,可以是绝缘的液体或粉状物等。

3. 相关术语解释

①检测距离:动作距离是指检测体按一定方式移动时,从基准位置(光电开关的感应表面)到开关动作时测得的基准位置到检测面的空间距离。额定动作距离指接近开关动作距离的标称值。

②回差距离:动作距离与复位距离之间的绝对值。

③响应频率:按规定的 1 s 的时间间隔内,允许光电开关动作循环的次数。

④输出状态:分常开和常闭。当无检测物体时,常开型的光电开关所接通的负载,由于光电开关内部的输出晶体管的截止而不工作,当检测到物体时,晶体管导通,负载得电工作。

⑤检测方式:根据光电开关在检测物体时,发射器所发出的光线被折回到接收器的途径的不同,可分为漫反射式、镜反射式、对射式等。

⑥输出形式:直流 NPN/PNP/常开/常闭多功能等几种常用的形式输出。

三、电梯称重传感器

电梯称重传感器如图 8-12 所示。

电梯长期在超负荷状态下运行,很容易加大设备的磨损,出现钢丝绳断丝、承重梁应力断裂等破坏性险情,严重威胁人们的生命财产安全。电梯重量载荷控制仪系统(电梯称重系统)在电梯运行过程中发挥着重要作用。电梯称重控制仪由两部分组成,一部分为控制仪部分,一部分为称重传感器部分。称重传感器将重量信号转换成电信号经传输电缆送给控制仪部分,由控制仪部分进行运算处理,完成电梯称重。当电梯轿厢内重量变化时,控制仪根据要求可以输出多组继电器触点信号,以及 0 ~ 10 mA 电流信号或 0 ~ 10 V 或 −10 ~ +10

图 8-12 S 型称重传感器

V 电压信号,超载时控制仪声光报警,为电梯称重以及启动提供精确的数据。

1. 安装注意事项

①称重传感器要轻拿轻放,尤其对于用合金铝材料作为弹性体的小容量传感器,任何振动造成的冲击或者跌落,都很有可能造成很大的输出误差。

②设计加载装置及安装时应保证加载力的作用称重传感器受力轴线重合,使倾斜负荷和偏心负荷的影响减至最小。

③在水平调整方面。如果使用的是称重传感器的话,其底座的安装平面要使用水平仪调整直到水平;如果是多个传感器同时测量的情况,那么它们底座的安装面要尽量保持在一个水平面上,这样做的目的主要是为了保证每个传感器所承受的力量基本一致。

④按照其说明中称重传感器的量程选定来确定所用传感器的额定载荷。

⑤为防止化学腐蚀,安装时宜用凡士林涂称重传感器外表面。应避免阳光直晒和环境温度剧变的场合使用。

⑥在称重传感器加载装置两端加接铜编织线做的旁路器。

⑦电缆线不宜自行加长,在确实需加长时应在接头处锡焊,并加防潮密封胶。

⑧在称重传感器周围最好采用一些挡板把传感器罩起来。这样做的目的可防止杂物掉进传感器的运动部分,影响其测量精度。

⑨传感器的电缆线应远离强动力电源线或有脉冲波的场所,无法避免时应把称重传感器的电缆线单独穿入铁管内,并尽量缩短连接距离。

⑩按其说明中的称重传感器量程选定来确定所用传感器的额定载荷,称重传感器虽然本身具备一定的过载能力,但在安装和使用过程中应尽量避免此种情况。有时短时间的超载,也可能会造成传感器永久损坏。

⑪在高度精度使用场合,应使称重传感器和仪表在预热 30 min 后使用。

2. 接线方法

一般的称重传感器都是六线制的,当接成四线制时,电源线(EXC−,EXC+)与反馈线(SEN−,SEN+)就分别短接了。SEN+和 SEN−是补偿线路电阻用的。SEN+和 EXC+是通路的,SEN−和 EXC−是通路的。

EXC+和 EXC−是给称重传感器供电的,但是由于称重模块和传感器之间的线路损耗,实际上传感器接收到的电压会小于供电电压。每个称重传感器都有一个 mV/V 的特性,它输出的 mV 信号与接收到的电压密切相关,SENS+和 SENS−实际上是称重传感器内的一个高阻抗回路,可以将称重模块实际接收到的电压反馈给称重模块。假设 EXC+和 EXC−为 10 V,线路损耗,传感器 2 mV/V,实际上传感器输出最大信号为 19 mV,而不是 20 mV。此时称重传感器内部就会把 19 mV 作为最大量程,前提是传感器必须通过反馈回路把实际电压反馈给称重模块。在称重传感器上将 EXC+与 SENS+短接,EXC−与 SENS−短接,仅限于传感器与称重模块距离较近,电压损耗非常小的场合,否则测量存在误差。

四、安全光幕传感器

安全光幕传感器运用红外线扫描探测技术。发射装置和接收装置安于两侧,内部由单片机和微处理器进行数字程序控制,使红外线收发单元在高速扫描状态下,形成红外线光幕警戒屏障,当人和物体进入光幕屏障区内,控制系统迅速转换输出电平信号,使负载动作,当人和物体离开光幕警戒区域,则负载正常自动关闭,从而达到安全保护的目的。如图 8-13 所示。

电梯安全光幕实际应用时不需要控制器,仅需发射器和接收器,使用时通过航空插头插座或者电缆线连接,输出可直接外接继电器或者各类计算机数字接口。

1. 安装调试操作方法

检查电梯安全光幕是否牢固地固定在需装备的设备上,电梯光幕传感器的发射器和接收器是否在一平面内,且以发射器和接收器为边界的保护区域应为该平面内的一个矩形。

检查电梯安全光幕的发射器和接收器,是否和各自的电缆准确地装配到位,以及电缆的接线端是否与电源和控制单元准确、牢固地连接。

给电梯安全光幕传感器接通电源,此时光幕传感器开始自检、同步及自校准,约 1 s 后,发射器黄色指示灯稳定,接收器指示灯全部熄灭,表示光幕传感器进入正常工作状态。

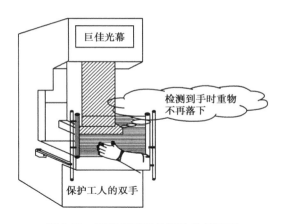

图 8-13　光幕传感器检测物体示意图

2. 电梯安全光幕传感器在工作状态下

①当保护区域内无侵入物体时,传感器的接收器处于受光状态,此时接收器的通信指示灯(红灯)应熄灭,发射指示灯(黄灯)点亮,这时按下被保护设备的工作开关,设备可正常运转。

②当有物体(不小于最小可检测体或者分辨率)侵入保护区域时,接收器的红色指示灯将被点亮(可能是接收器处于遮光状态,也可能是光通信被遮断),此时被保护设备受控,处于强制停顿状态。

③当侵入物体撤出保护区域后,光幕传感器将返回,设备将继续工作。在电梯安全光幕传感器开机进入工作状态后,使用直径为最小检测体尺寸的测试棒或同等直径的不透明物体,垂直侵入保护区域,分别按顺时针和逆时针方向在保护区域内做平移运动,此时光幕传感器应一直有红色指示灯被点亮,受控设备无法工作。

五、电梯机房配电柜继电器与 DDC 的接法

电梯的运行状态信号(运行状态、故障报警、上下行信号接线)采自强电控制柜中(机房)继电器辅助触点,故障状态信号采自热保护继电器辅助触点,电梯的上下行信号也采自控制电机正反转的接触器的辅助触点,这些均为无源常开点。

运行状态、故障报警、上下行信号接线(DI),如图 8-14 所示。

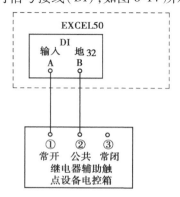

图 8-14　电梯机房配电柜继电器通用接法

在图 8-14 中,B(地)这端需接到 DDC 的 32 端口(无源 DI 输入信号)。A(输入)端,接到 DDC 的 DI 端口,如 23,25,27,29 等。

◆**任务实施**

1.通过课堂分析,理解电梯运行监控信号是来自 DI 端口。取自各监测组件及机房控制柜。

2.结合电力拖动知识,熟悉对交流继电器或热继电器的触点认识及触点动作的原理。

◆**问题**

1.电梯监控系统能实现控制功能吗?

2.电梯监测组件有哪些? 请写出名称、功能及性能特点、安装要求。

3.画出监测组件及继电器等与 DDC 控制器的连接电路原理图。

本章小结

1.结合电梯相关专业课程熟悉电梯的结构、运行原理、各部件性能。

2.能分析及设计电梯运行(包括群控电梯运行与独立电梯运行)的监测原理图及点表。

3.掌握电梯运行监测组件的性能特点及使用要求。

附　录

建筑设备监控系统（BAS）设计规范

《火灾自动报警系统设计规范》（GB 50116—98）

《民用建筑照明设计标准》（GBJ 133—90）

《工业与民用供电系统设计规范》（GBJ 52—83）

《高层民用建筑设计防火规范》（GBJ 45—82）

《汽车库设计防火规范》（GBJ 67—84）

《建筑物防雷设计规范》（GBJ 50057—94）

《总线局域网标准》（IEEE 802.3）

《环形局域网标准》（IEEE 802.5）

《智能建筑设计标准》（GB/T 50314—2000）

《民用建筑电气设计规范》（JGJ/T 16—92）

《采暖通风与空气调节设计规范》（GBJ 19—87）

《电气装置工程施工及验收规范》（GBJ 232—82）

《建筑电气施工安装图集》（JD）

参考文献

［1］姚卫丰.楼宇设备监控及组态［M］.2 版.北京:中国机械工业出版社,2019.

［2］文娟,刘向勇.楼宇设备监控组件安装与维护［M］.北京:中国机械工业出版社,2018.

［3］沈瑞珠.楼宇智能化技术［M］.北京:中国建筑工业出版社,2004.

［4］陈虹.楼宇自动化技术与应用［M］.2 版.北京:中国机械工业出版社,2012.

［5］殷际英,李玏一.楼宇设备自动化技术［M］.北京:化学工业出版社,2004.